지니아의 손뜨개 소품

코바늘로 쉽게 뜨는
사랑스런 아이템

지니아의
손뜨개 소품

지은이 이은진
펴낸이 정규도
펴낸곳 황금시간

초판 1쇄 발행 2014년 1월 17일
초판 6쇄 발행 2023년 8월 10일

편집 권명희 신소연
디자인 렐리시
사진 촬영 박창완
도안 일러스트 이순영
황금시간 Golden Time

주소 경기도 파주시 문발로 211
전화 (02)736-2031(내선 291~298)
팩스 (02)732-2036

출판등록 제406-2007-00002호
공급처 (주)다락원
구입문의 전화: (02)736-2031(내선 250~252)
　　　　　 팩스: (02)732-2037

ISBN 978-89-92533-60-7 13590

http://www.darakwon.co.kr
· 다락원 홈페이지에서 주문하시면 자세한 정보와 함께 다양한 혜택을 받으실 수 있습니다.
· 기타 문의사항은 황금시간 편집부로 연락 주십시오.

황금시간
Golden Time

코바늘로 쉽게 뜨는 사랑스런 아이템

지니아의 손뜨개 소품

이은진 지음

뜨개질은 '지루하고 촌스럽고 올드하다'는 편견을 갖고 있었습니다. 그러던 어느 날 머리가 동그랗고 눈코입이 예쁘게 수놓아져 있는 뜨개인형을 보게 됐는데, 첫눈에 반한 것처럼 눈을 뗄 수가 없더군요. 그렇게 뜨개질의 매력에 눈을 떴습니다. 그날 바로 동내 뜨개 공방으로 달려가 코바늘과 실을 구입했으니 말입니다.

하지만 공방에서 배우는 과정은 기대만큼 즐겁지 않았어요. 기초를 배우기에는 좋았지만 만드는 아이템들이 한정되어 조금 지루하게 느껴졌습니다. 예쁜 꽃이 핀 도일리, 아기자기하고 귀여운 인형, 멋스러운 블랭킷 같은 다양하고 화사한 작품들을 만들어보고 싶었거든요.
뜨고 싶은 것들을 다 떠보고 싶다는 생각에 이내 공방을 그만두고 혼자 배우기 시작했습니다. 덕분에 수많은 뜨개질 교본과 인터넷에서 본 작품들이 제 선생님이 되어 주고, 일상의 소품, 음식, 봄꽃들, 햇빛 한껏 머금은 연초록 나뭇잎, 심지어 잎을 흔들고 지나간 바람결까지 제 영감의 원천이 되어 주었습니다. 한 코 한 코 익혀가며 혼자서 하는 뜨개질이 얼마나 재미있었는지 몰라요. 저는 그래서 뜨개질을 '뜨개놀이'라고 부른답니다.

블로그를 통해 손뜨개의 소소한 즐거움을 이웃들과 나누고 소통하다가 그 마음과 작품들을 담아 책으로도 선보이게 되었습니다. 저처럼, 원하는 것이나 본인이 아름답다고 느낀 것을 떠보세요. 그래야 뜨개질이 행복합니다. 초짜였던 제가 뜨개질에 푹 빠졌듯이, 이 책을 통해 손뜨개의 행복을, 뜨개놀이의 즐거움을, 더 많은 분들이 느끼게 되길 바랍니다.

2014년 1월
이은진

CONTENTS

동영상 강좌

기법 배우기

＊ 시작하기(실 잡는 법, 첫 코 만들기)

＊ 기초코 만들기(실 감아서 고리 만들기)

＊ 평면뜨기

작품 만들기

＊ 작은 장미 티매트

＊ 마카롱

＊ 양귀비꽃

＊ 셔링 꽃 모티브 무릎담요

＊ 퐁퐁 꽃 모티브 블랭킷

소품 협찬 카루셀리(www.karuselli.co.kr)

PART 1

일상을 빛내는 색색의 느낌표

작은 소품 만들기

✱ 도안에서는 단을 구분하기 쉽도록 단별로 색을 다르게 표시했어요.
작품에 사용한 색과는 다르니, 만들 때 참고하세요.

작은 장미 티매트

알록달록 다양한 색을 배색하여 하나씩 만들면
시간 가는 줄 몰라요. 테두리에 하트 모양으로
포인트를 주어 더욱 사랑스럽게 만들어요.

펼친 장미 티매트

강렬한 보라색으로 장미 모양을 만들면 입체적인
느낌을 줄 수 있어요. 심플하고 고급스러운 티타임
분위기를 내고 싶을 때 좋아요.

하트 모양으로 피코뜨기

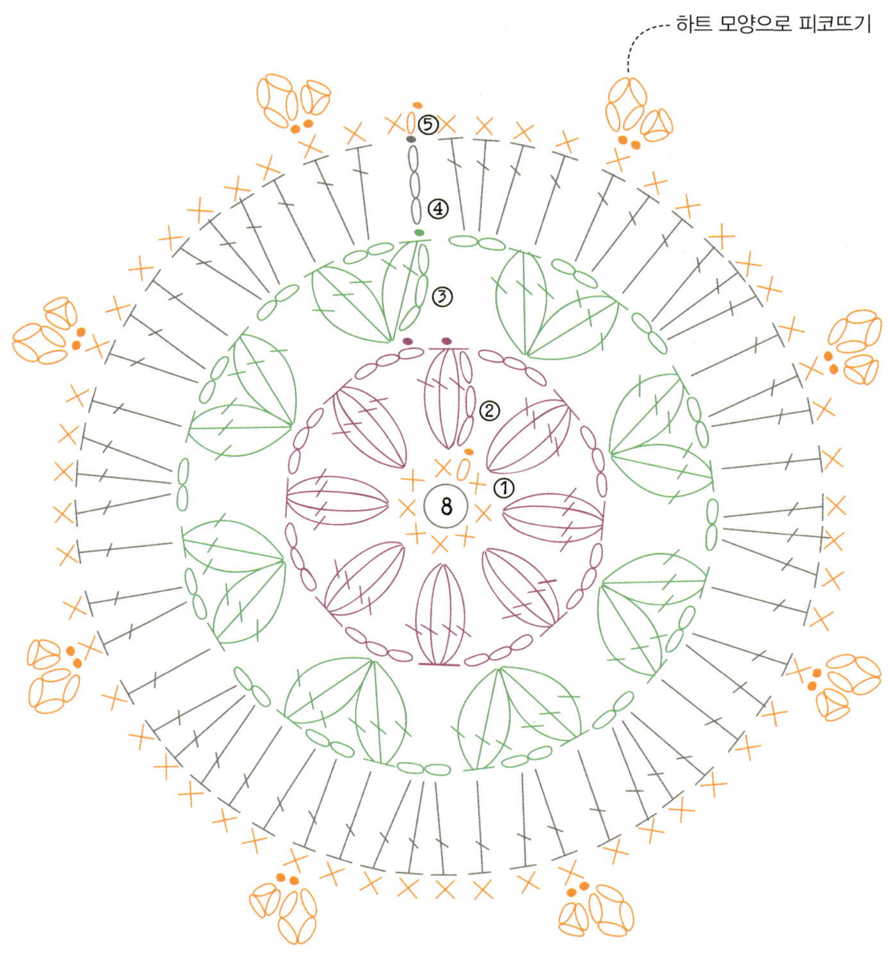

* 원형코를 만들어 짧은뜨기 8코 시작
* 5단은 짧은뜨기와 피코뜨기를 함께 뜬다

재료

* 실 면실(작품 1개 총 6g)
* 바늘 모사용 코바늘 3/0호
* 완성 치수 지름 10.5cm

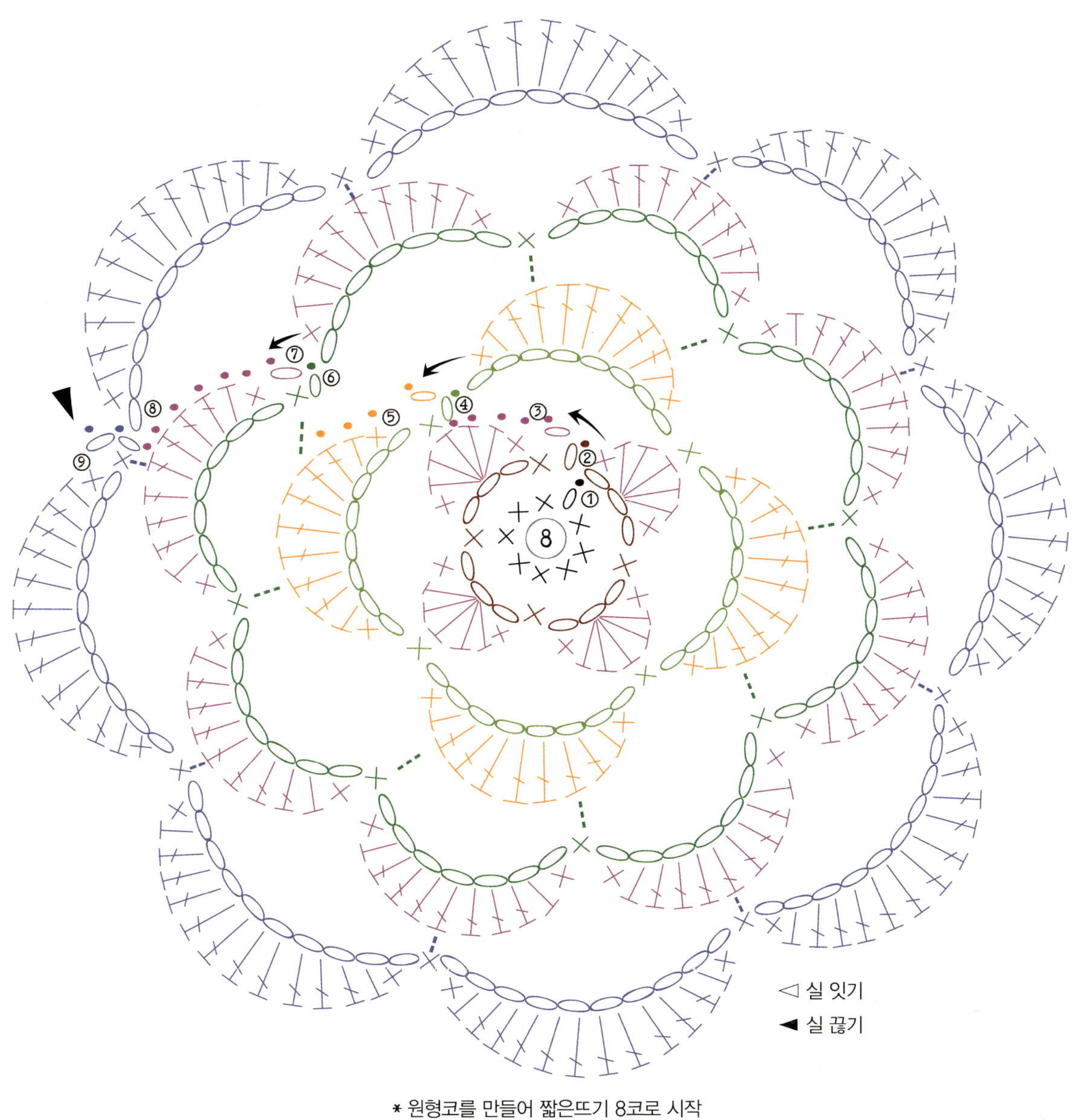

* 원형코를 만들어 짧은뜨기 8코로 시작
* 6단과 8단은 표시된 위치에서 짧은뜨기를 한다

펼친 장미 티매트

재료
* 실 울실(작품 1개 총 10g)
* 바늘 모사용 코바늘 5/0호
* 완성 치수 지름 13cm

팝콘 도일리

도일리 중간에 통통 튀는 팝콘처럼
입체감을 주면 더욱 즐거운 티타임이 될 수
있어요. 노랑 팝콘과 분홍 팝콘 등 좋아하는 색을
골라 만들다 보면 즐거움도 배가 되지요.

입체 장미 보틀 커버

유리병이나 쿠키 상자 등 밋밋한 곳에 살짝 엎어만
주어도 인테리어 효과 만점인 아이템. 이렇게 장식하면
도일리 중간에 있는 입체 장미꽃이 더욱 돋보여요.
원하는 색으로 다양하게 만들어보세요.

팝콘 도일리

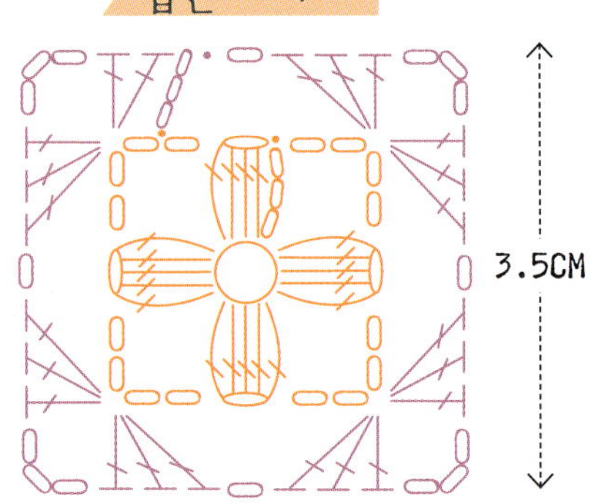

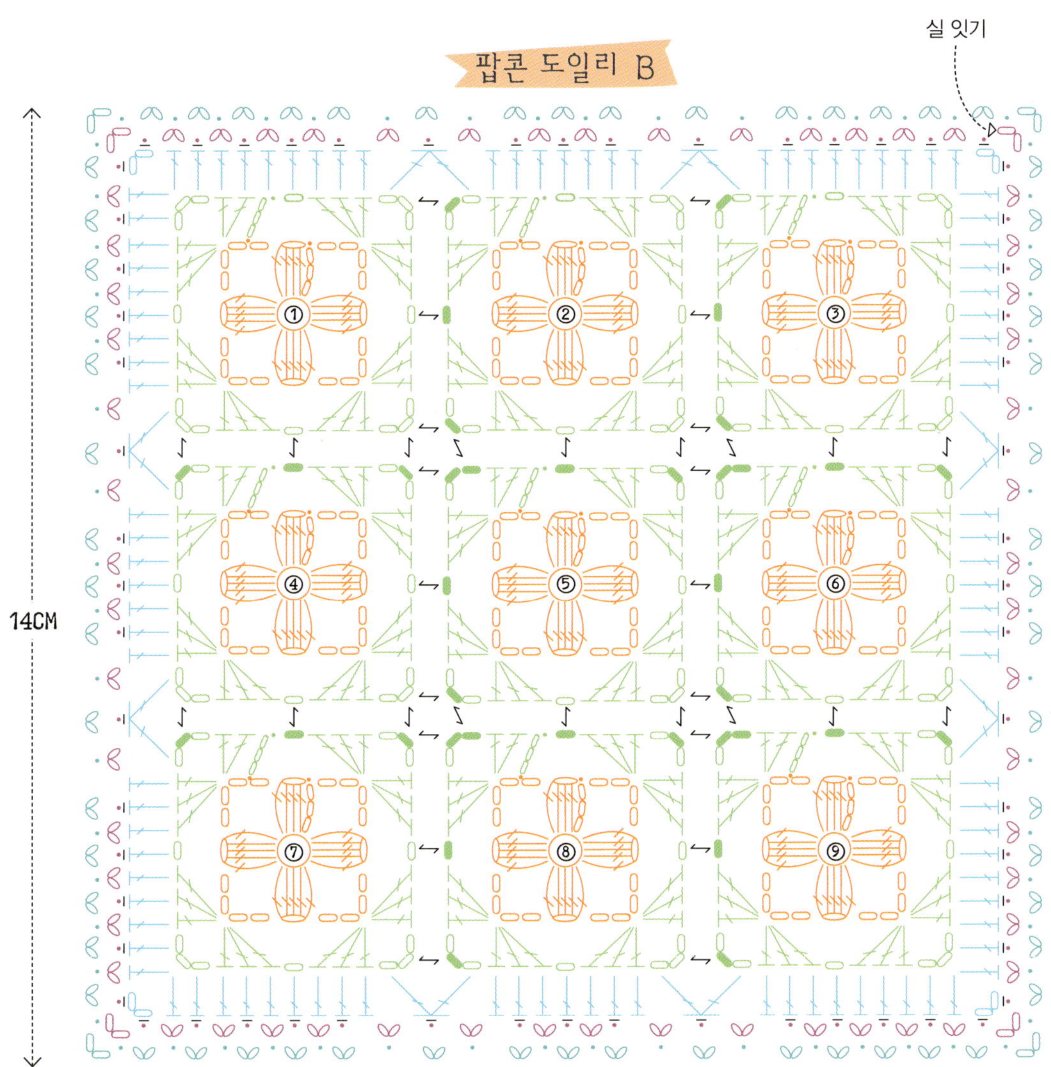

* 팝콘 모티브 1개를 먼저 뜨고 번호 순서대로 연결하면서 뜬다
* 9번까지 뜨고 마지막으로 가장자리를 뜬다

재료

* 실 팝콘 도일리 A 면실(총 17g), 팝콘 도일리 B 메리노울실(총 19g)
* 바늘 모사용 코바늘 4/0호
* 완성 치수 A: 15×15m, B: 14×14cm

입체 장미

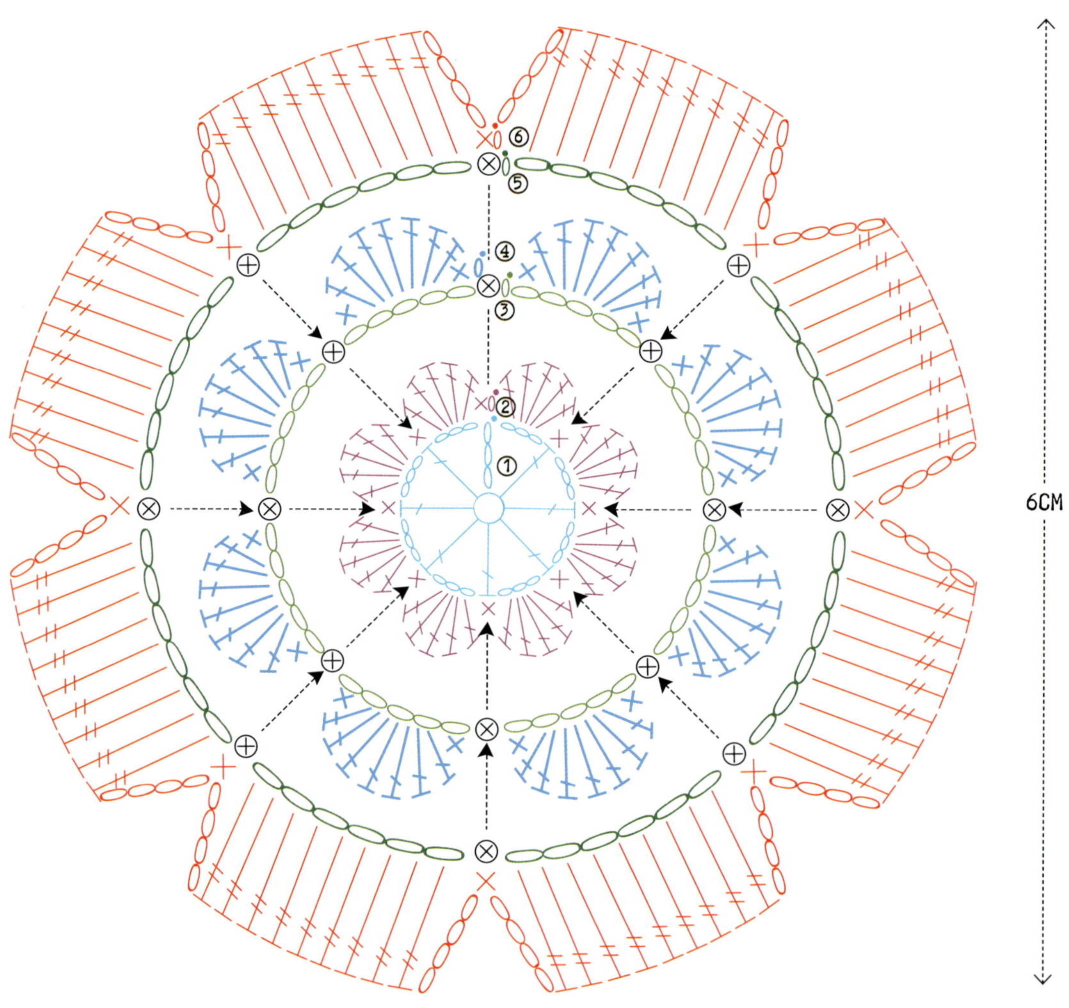

* 원형코를 만들어 시작
* 3단과 5단의 ⊗는 화살표 위치에서 뒤코에 걸어서 뜬다

* 입체 장미를 먼저 뜨고 바깥쪽 모티브를 뜬다

재료	★ 실 면실(총 12g)
	★ 바늘 모사용 코바늘 4/0호
	★ 완성 치수 지름 13cm

꽃잎 물결 도일리

테두리 꽃잎이 물결 모양인 화려한 도일리.
테이블 위에 놓아만 두어도 화사한 분위기를
연출할 수 있어요.

원 도일리

원 도일리를 여러 개 연결하여 마름모꼴 도일리를
만들었어요. 테이블 매트로 사용해도 좋아요.

확대

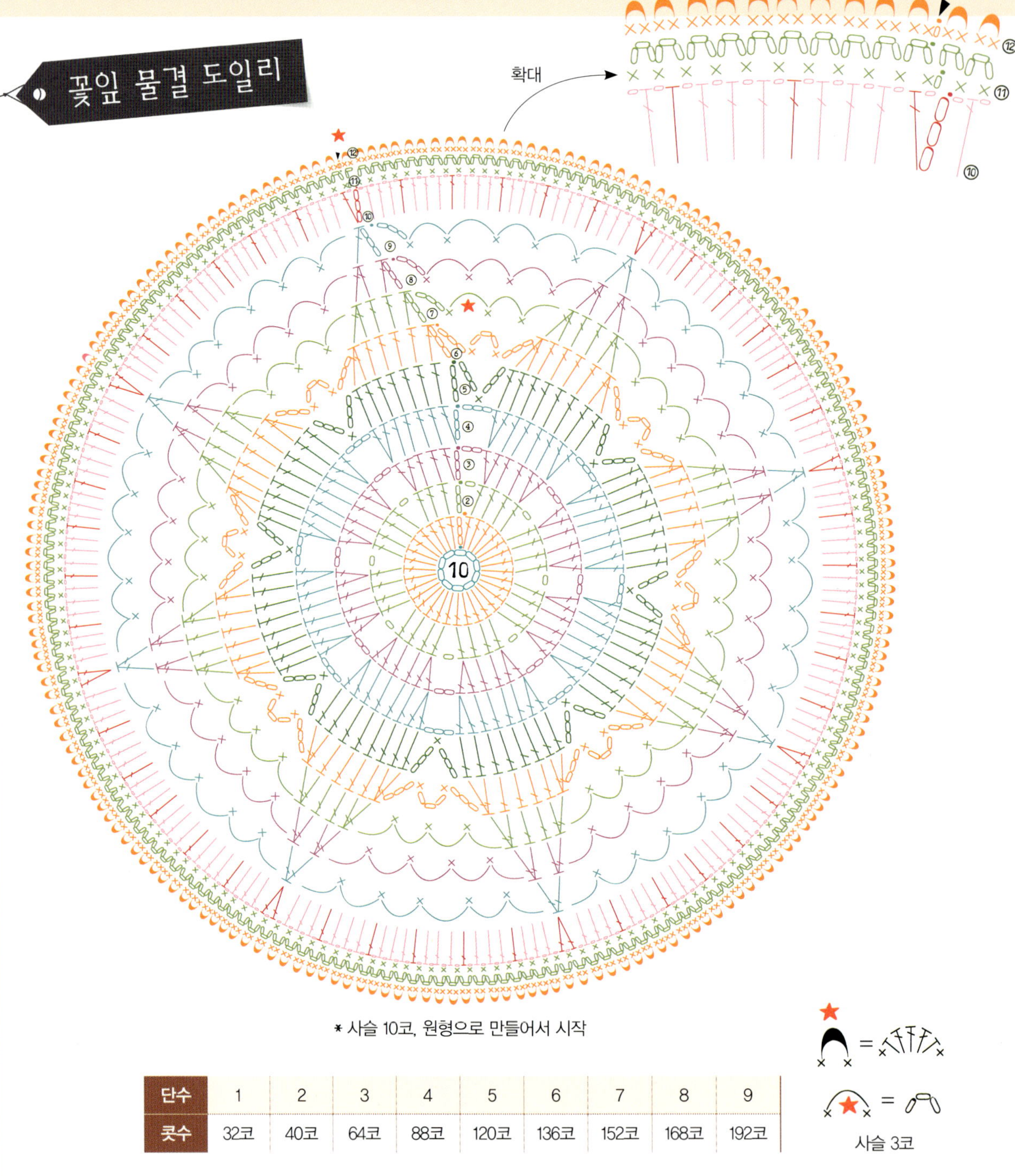

* 사슬 10코, 원형으로 만들어서 시작

단수	1	2	3	4	5	6	7	8	9
콧수	32코	40코	64코	88코	120코	136코	152코	168코	192코

사슬 3코

재료	
	* 실 레이스실(총 17g)
	* 바늘 레이스용 코바늘 2/0호
	* 완성 치수 지름 14cm

원 모티브

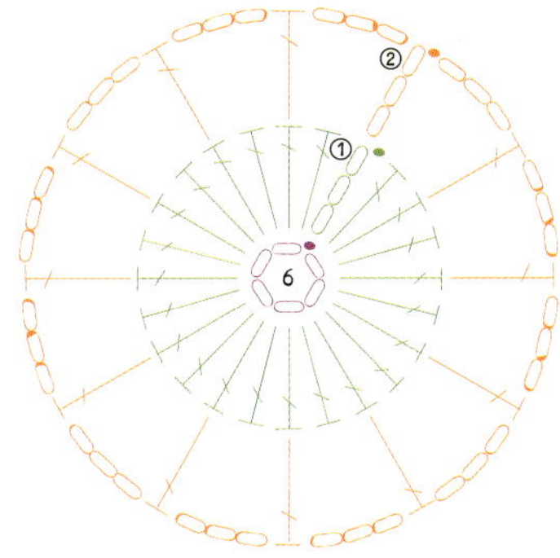

단수	콧수
2	48코
1	24코

* 사슬 6코, 원형으로 만들어서 시작

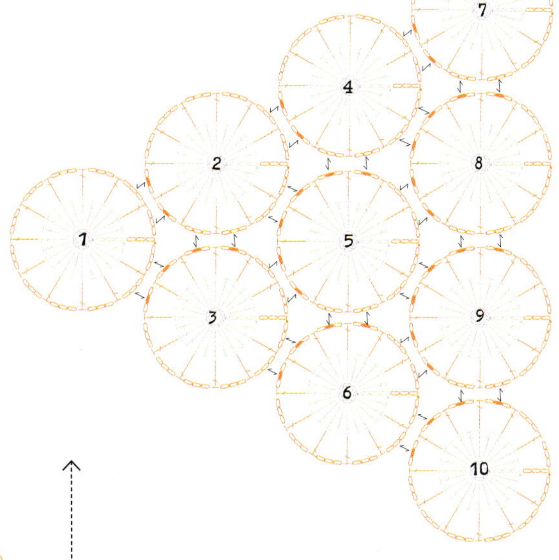

* 원 모티브 1개를 먼저 뜨고 번호 순서대로
총 36개의 모티브를 연결하면서 뜬다

8CM

30CM

재료

* 실 레이스실(총 14g)
* 바늘 레이스용 코바늘 2/0호
* 완성 치수 30×8cm

빨간 장미 포트 홀더

강렬한 빨간색이 포인트인 헥사곤 포트 홀더. 밋밋한 주방 분위기를
화사하게 바꾸고 싶을 때 좋은 아이템이에요.

데이지 포트 홀더

데이지 꽃 모양의 포트 홀더. 북유럽풍의 색상을 배색하면
독특한 주방 분위기를 연출할 수 있어요.

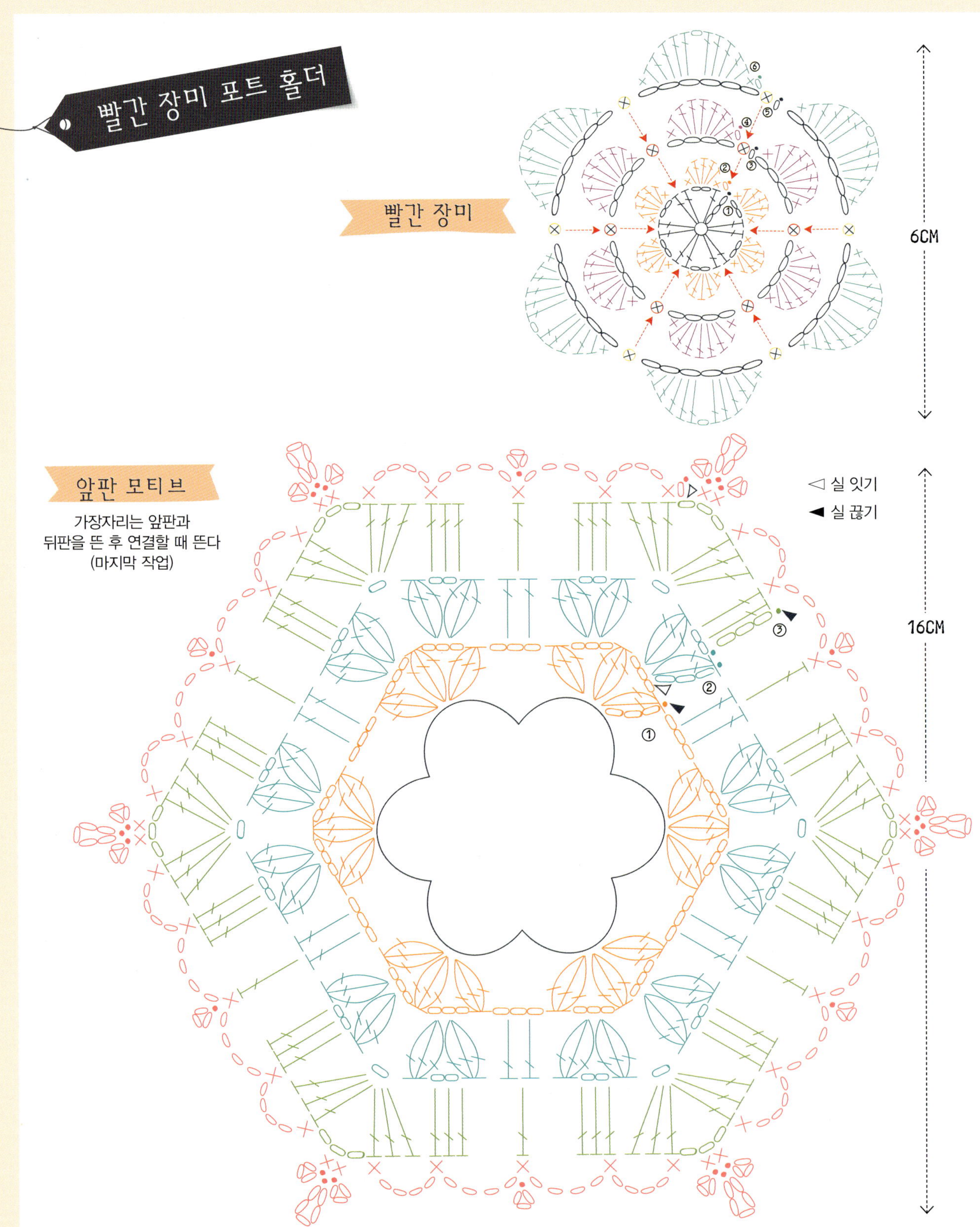
빨간 장미
6CM
앞판 모티브
가장자리는 앞판과
뒤판을 뜬 후 연결할 때 뜬다
(마지막 작업)
◁ 실 잇기
◀ 실 끊기
16CM

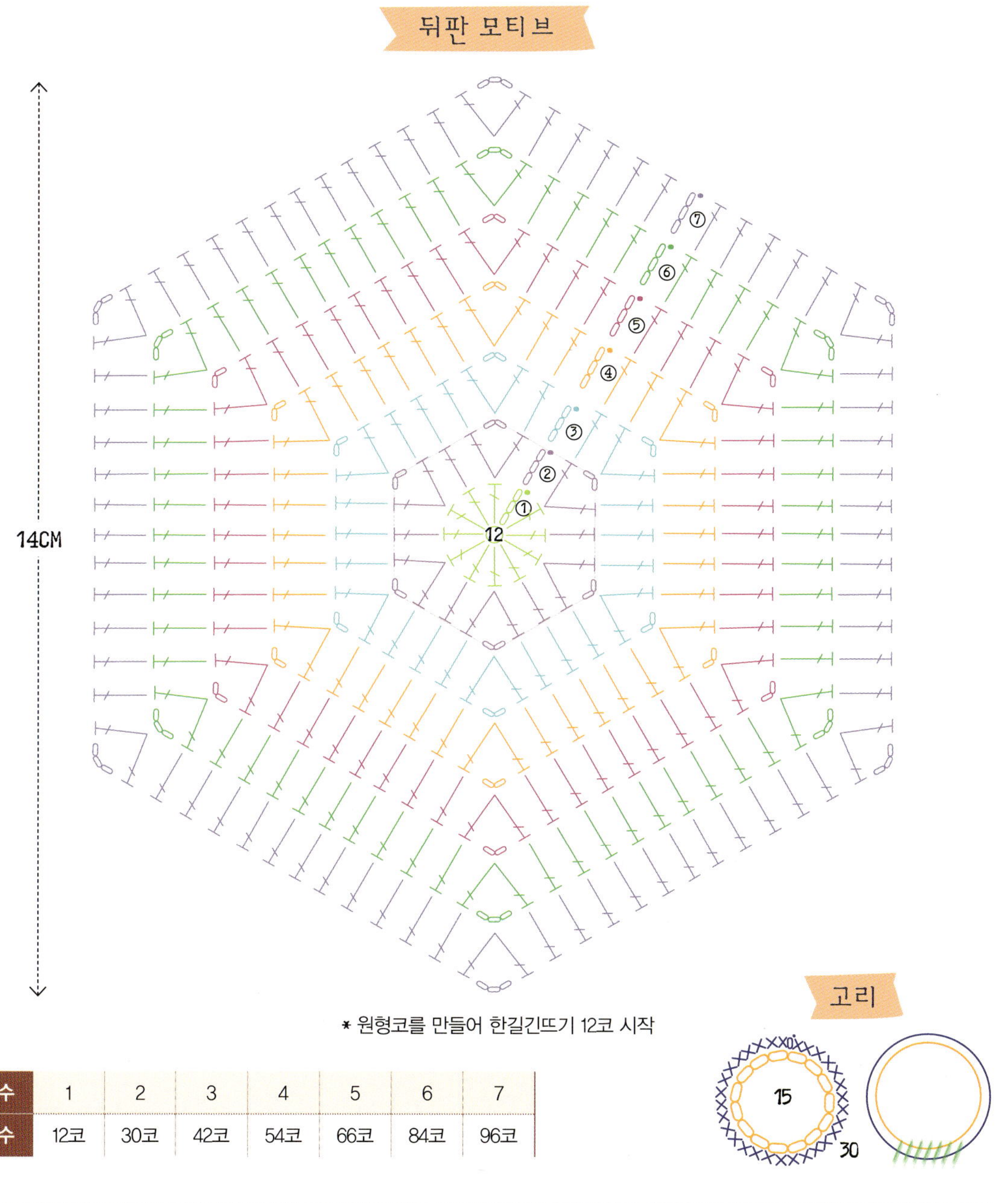

* 원형코를 만들어 한길긴뜨기 12코 시작

단수	1	2	3	4	5	6	7
콧수	12코	30코	42코	54코	66코	84코	96코

재료

* 실 면실(총 25g)
* 바늘 모사용 코바늘 4/0호
* 완성 치수 16×16cm

만드는 법

1 빨간 장미를 뜬다.
2 빨간 장미에 앞판 모티브를 연결하여 뜬다.
3 뒤판 모티브를 7단까지 뜨고, 앞판과 겹쳐서 가장자리를 뜬다.
4 고리를 만들고 바느질해서 붙인다.

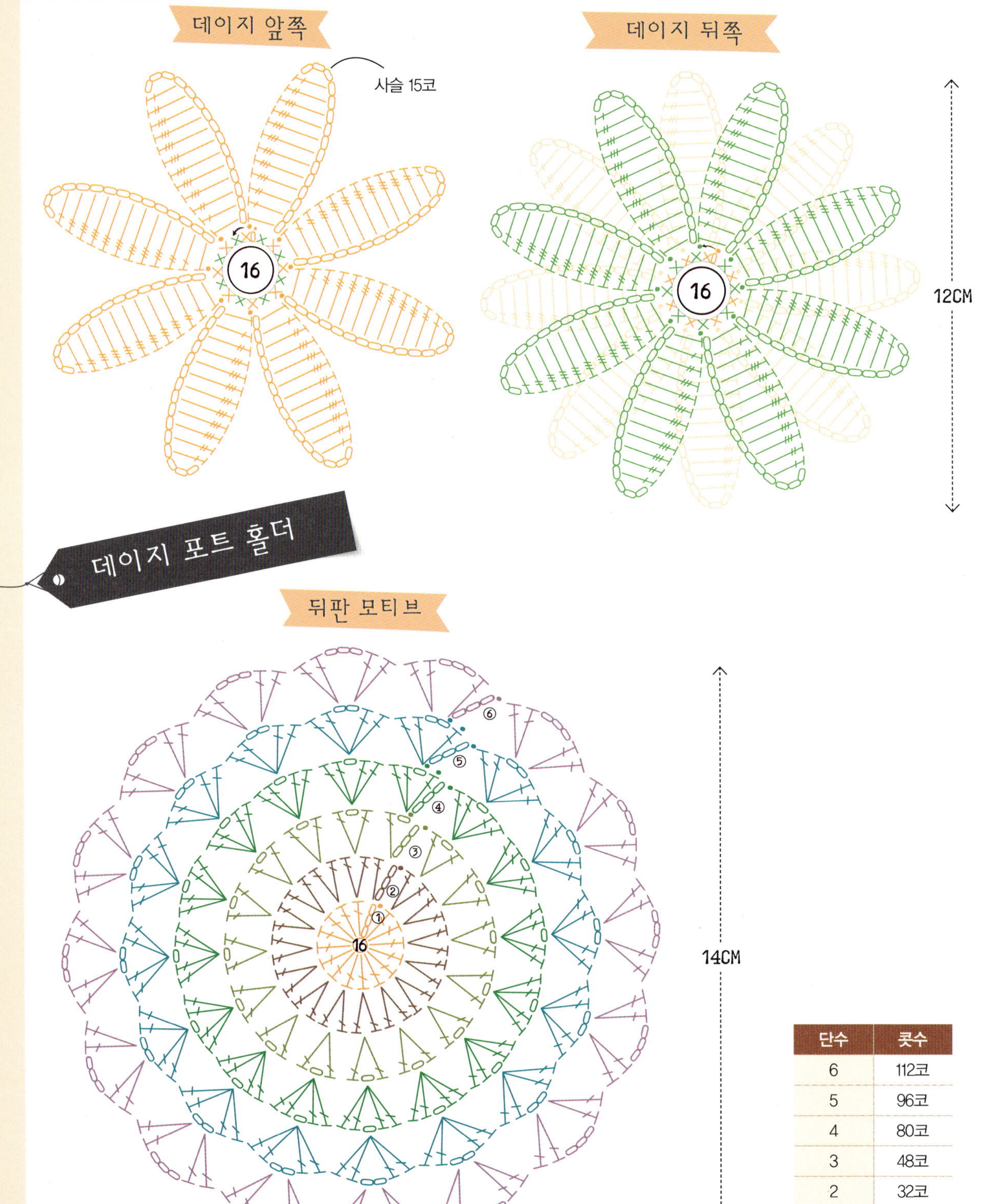

단수	콧수
6	112코
5	96코
4	80코
3	48코
2	32코
1	16코

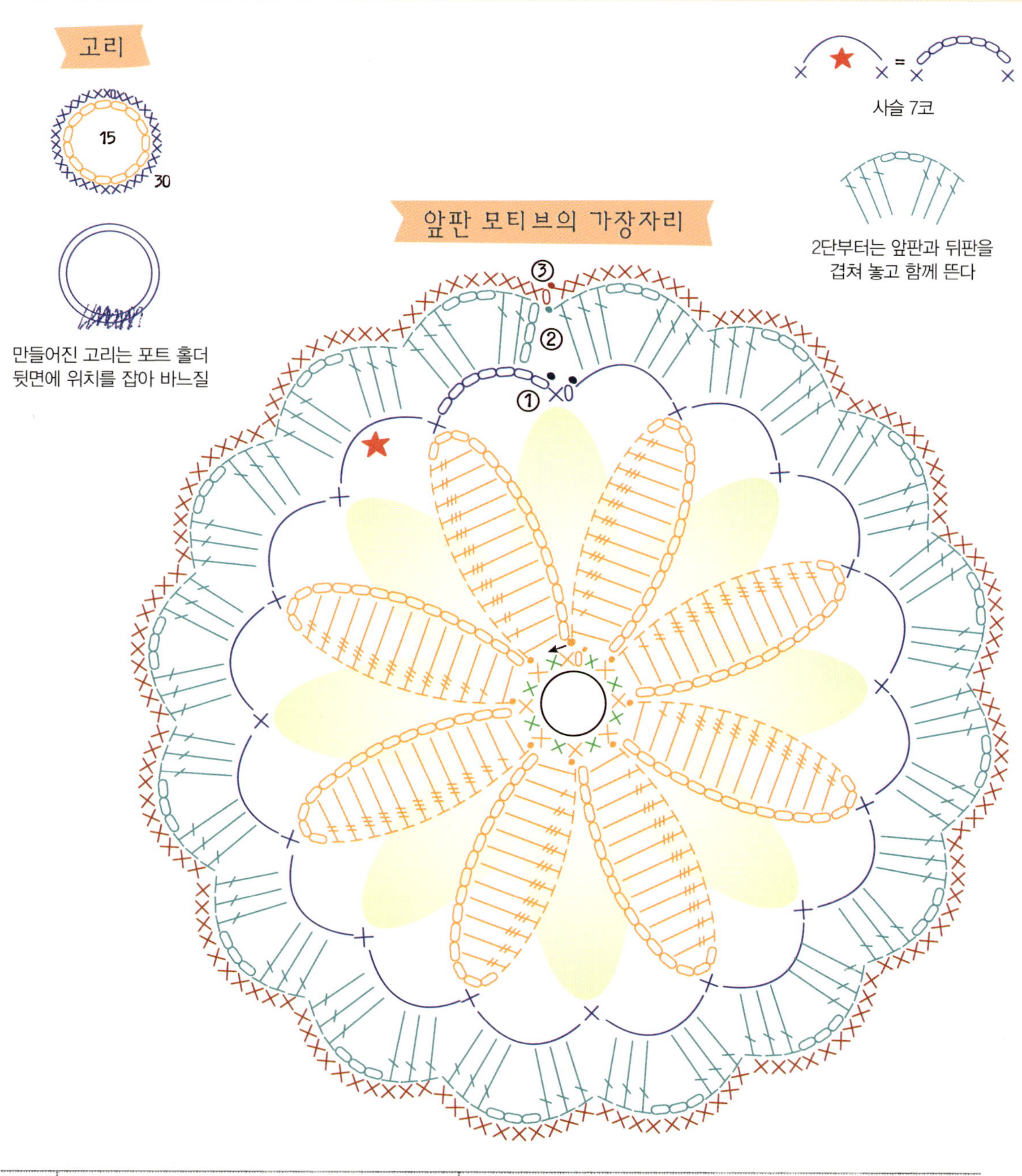

재료		만드는 법

재료
* 실 면실(작품 1개 총 24g)
* 바늘 모사용 코바늘 4/0호
* 완성 치수 지름 17cm

만드는 법

1 데이지 앞쪽을 먼저 뜨고, 뒤쪽에서 빼뜨기로 코를 걸어 데이지 뒤쪽을 뜬다.

2 데이지 모티브에 연결해서 앞판 모티브의 가장자리를 1단만 뜬다.

3 뒤판 모티브를 뜨고, 앞판 모티브와 겹쳐서 나머지 가장자리 2단과 3단을 뜬다.

4 고리를 만들고 바느질해서 붙인다.

국화 포트 홀더

주방 한쪽에 걸어만 두어도 인테리어 효과를 낼 수 있어요.
도일리 중심부는 흰색으로 포인트를 주었어요.

꽃 삼각 플래그

벽을 활용한 인테리어 요소로 빼놓지 않고 등장하는 아이템.
삼각 모양의 플래그에 색색 꽃을 달아 더욱 화사하게
만들었어요. 포인트 인테리어 아이템으로 손색이 없어요.

단수	콧수
8	16코
7	
6	
5	
4	48코
3	24코
2	16코
1	8코

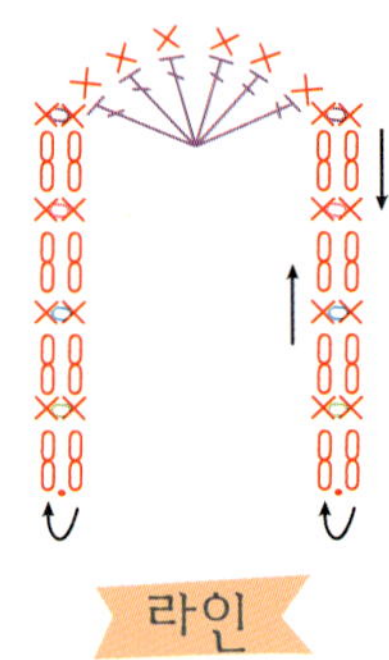

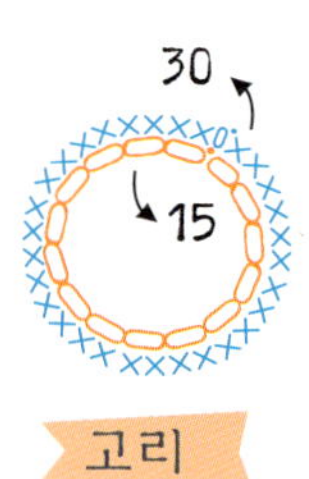

재료

* 실 면실(작품 1개 총 17g)
* 바늘 모사용 코바늘 3/0호
* 완성 치수 지름 14.5cm

만드는 법

1 국화를 먼저 뜨고 전체 라인을 진행 방향에 맞춰 뜬다.
2 고리를 만들고 바느질해서 붙인다.

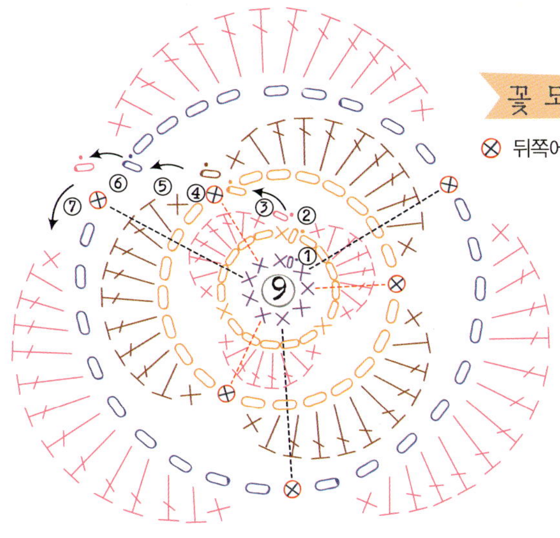

꽃 모티브

⊗ 뒤쪽에서 걸어서 뜬다

삼각 플래그

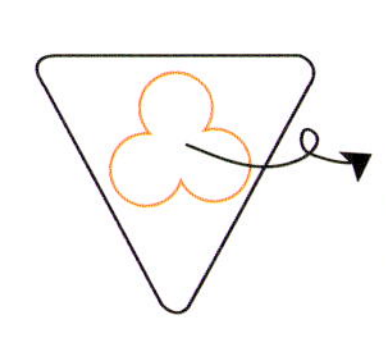

꽃의 위치를 잡아
바느질하거나, 글루건을
이용해 붙여준다

재료	* **실** 면실(전체 52g)
	* **바늘** 모사용 코바늘 3/0호
	* **완성 치수** 10×10cm

만드는 법	1 꽃 모티브를 먼저 뜬다.
	2 다음으로 삼각 플래그를 뜬다.
	3 삼각 플래그에 꽃 모티브를 바느질해서 붙인다.
	4 끈을 만들어 연결한다.

끈

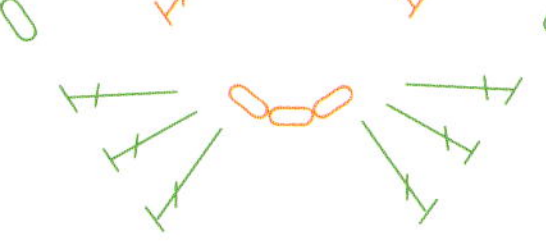

마카롱

알록달록 먹음직스러운 마카롱.
한 입 베어 물면 입안에서 사르르 녹는
그 기분을 손뜨개로 표현했어요.

사과 모양 바늘쌈지

사랑스러운 파스텔 톤으로 완성한 사과 모양의
바늘쌈지예요. 다른 작품을 만들고 남은 자투리 실을
활용하기에 좋은 작품이에요.

마카롱(2장)

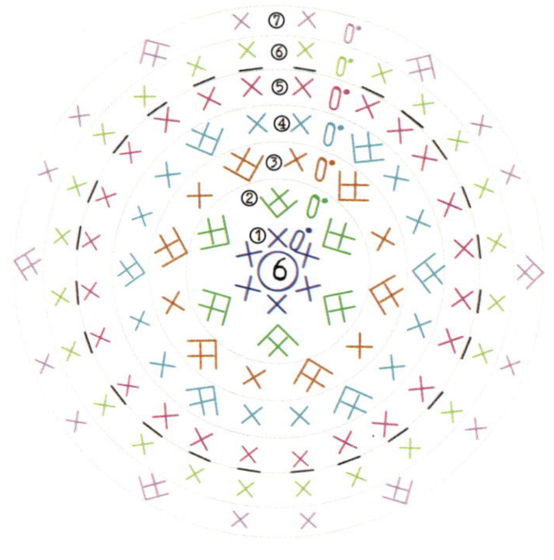

단수	콧수
7	18코
6	
5	24코
4	
3	18코
2	12코
1	6코

＊ 6단은 뒤쪽 반코에 걸어 뜬다

마카롱 쨈

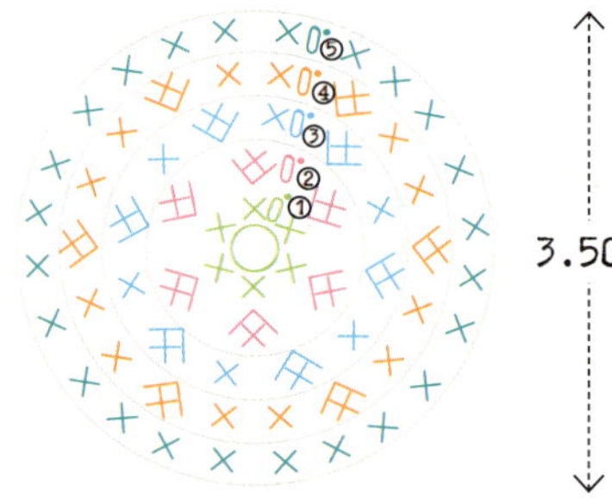

3.5CM

단수	콧수
5	24코
4	
3	18코
2	12코
1	6코

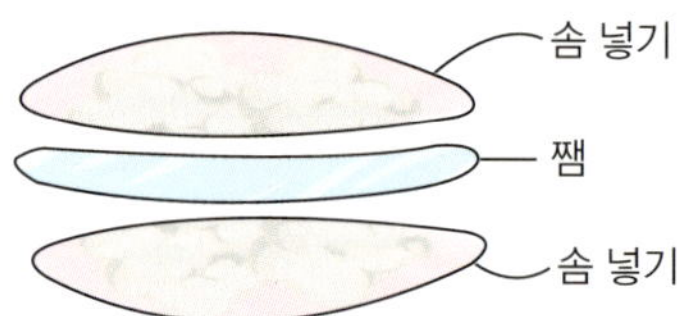

＊ 마카롱 안에 솜을 적당히 넣고
세 개를 겹쳐서 바느질하거나 글루건으로 붙인다

재료

＊ 실 면실(소량)

＊ 바늘 모사용 코바늘 3/0호

＊ 완성 치수 3.5×3.5cm

＊ 부재료 글루건

14CM

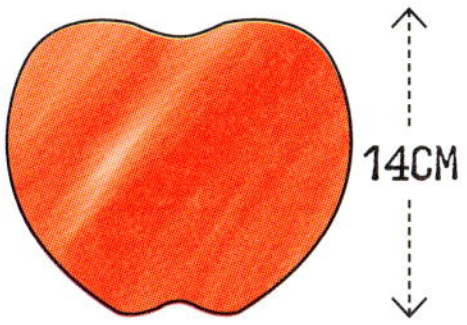

사과 꼭지

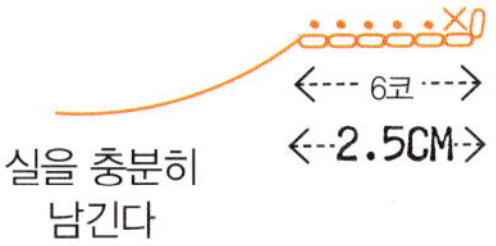

실을 충분히
남긴다

←--- 6코 ---→
←-- 2.5CM --→

잎

실을
충분히 남긴다

9코

←---- 3.5CM ----→

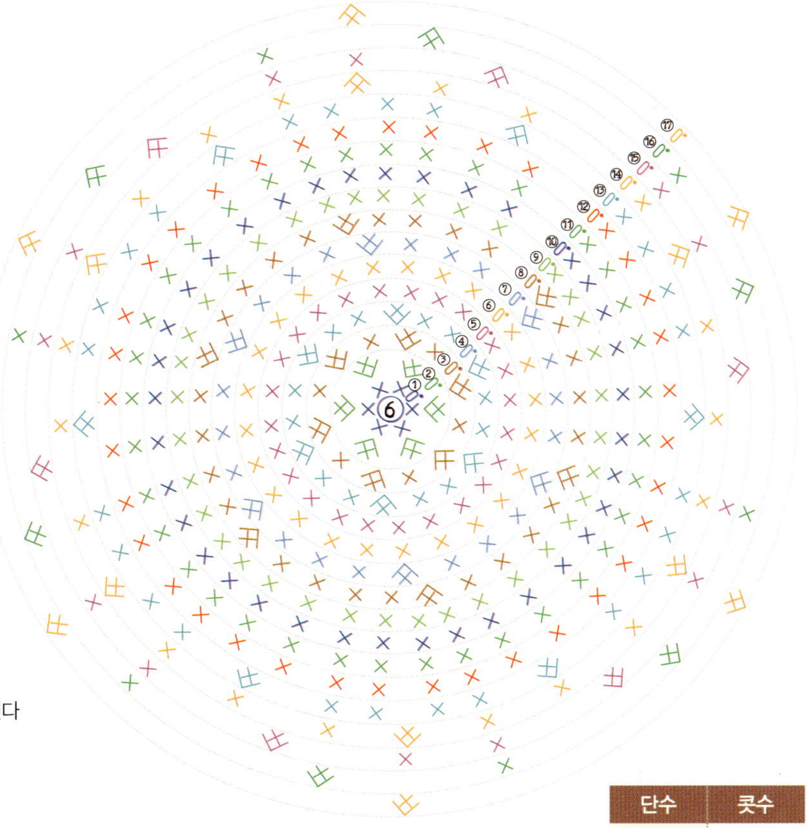

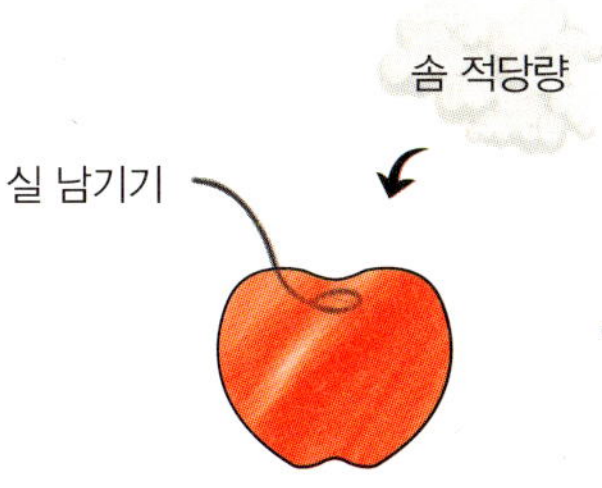

6

단수	콧수
17	6코
16	12코
15	18코
14	24코
13	30코
12	
11	36코
10	
9	
8	36코
7	30코
6	24코
5	24코
4	24코
3	18코
2	12코
1	6코

솜 적당량

실 남기기

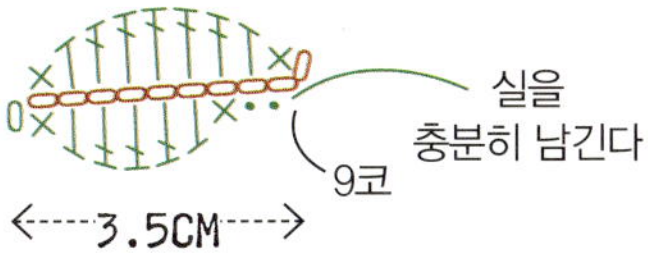

* 솜을 적당히 넣고 남겨놓은
실로 바느질해서 윗부분을
오므린다

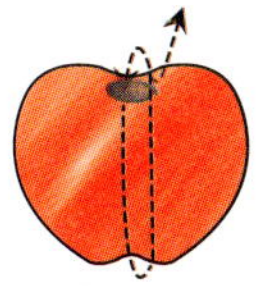

* 남겨놓은 실로 위아래로 여러 번
반복해 모양을 잡는다. 이때 실을
당겨서 사과 모양을 예쁘게 만든다

* 꼭지도 마찬가지로 위아래로
통과시키면서 바느질하고
밑면에 조금 남겨놓고
실을 자른다. 끝으로 잎을 달아
완성한다

재료

* 실 면실(소량)
* 바늘 모사용 코바늘 3/0호
* 완성 치수 14cm

딸기와 초코 맛 도넛

딸기와 초코 맛 도넛을 만들었어요. 초콜릿이 흐르고 있는 것 같이
만들었더니 진짜 도넛과 구별하기 힘들 정도예요. 다양한 맛의 도넛을
만들어 선물해도 좋아요.

딸기 맛 도넛

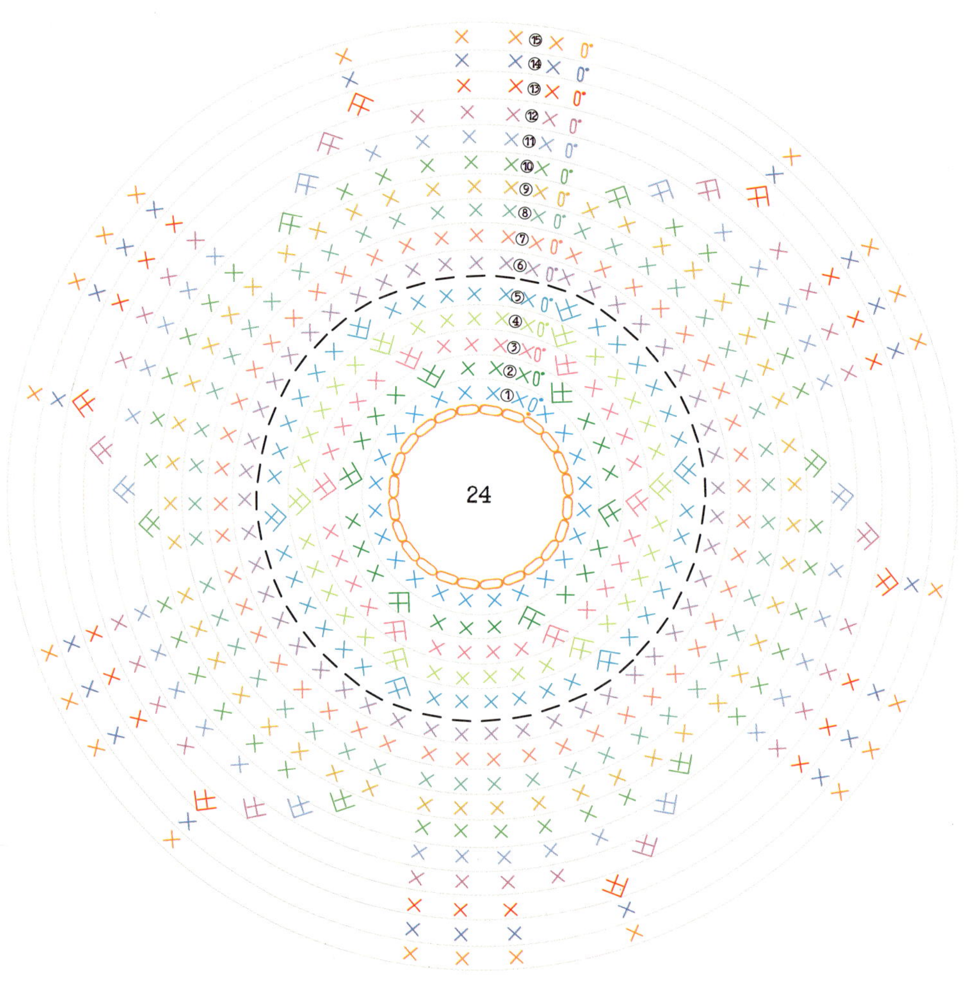

* 사슬 24코, 원형으로 만들어서 시작

* 6단은 뒤코에만 걸어 뜬다

단수	1	2	3	4	5	6	7	8	9	10	11	12	13	14	15
콧수	24코	30코	36코	42코		48코				42코	36코	30코		24코	

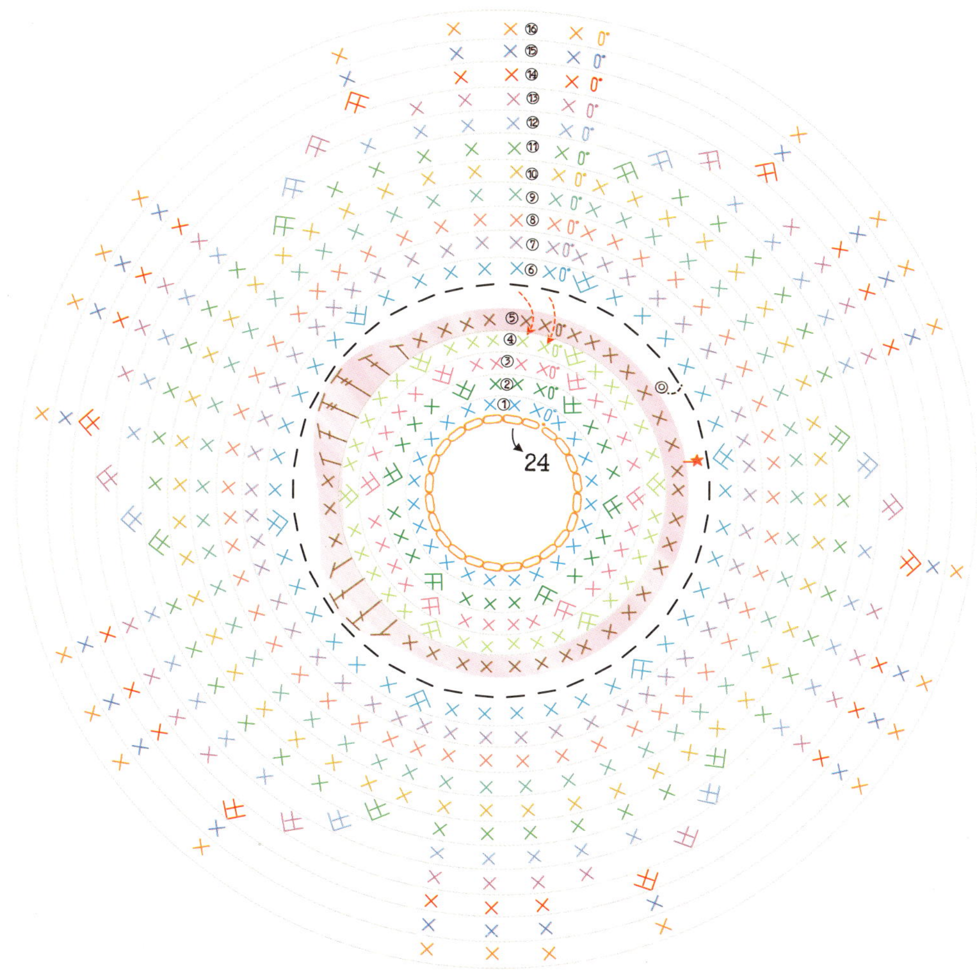

★ 5단은 4단의 앞쪽 한 코에 걸어서 뜬다
◎ 6단은 4단의 뒤쪽 한 코에 걸어서 뜬다

단수	1	2	3	4	5	6	7	8	9	10	11	12	13	14	15	16
콧수	24코	30코	36코	42코		48코					42코	36코	30코	24코		

재료		만드는 법	
	✳ 실 메리노울실, 면실(작품 1개 솜 넣고 총 14g) ✳ 바늘 모사용 코바늘 4/0호 ✳ 완성 치수 지름 7cm		도안대로 뜬 후 1단과 마지막 단을 맞물려 도넛처럼 모양을 잡아 돗바늘로 바느질한다. 이때 솜을 조금씩 넣어가며 완성해준다.

타원형 바스켓

아기자기한 소품을 담아 놓기 좋은 아이템.
다양한 색으로 만들어 아이 방, 거실,
침실에 하나씩 놓아 쓰면 좋아요.
친구에게 선물해도 좋은 아이템이죠.

양귀비꽃

아름다운 왕비를 닮아 붙은 이름, 양귀비꽃. 알록달록 다양한 색으로 떠서
선물 포장 등 장식품으로 활용할 수 있어요.

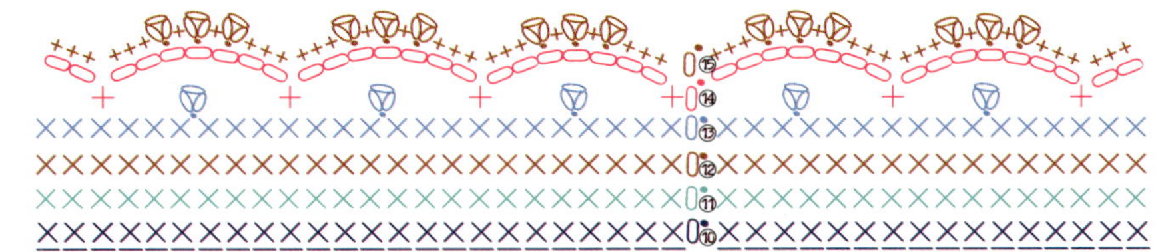

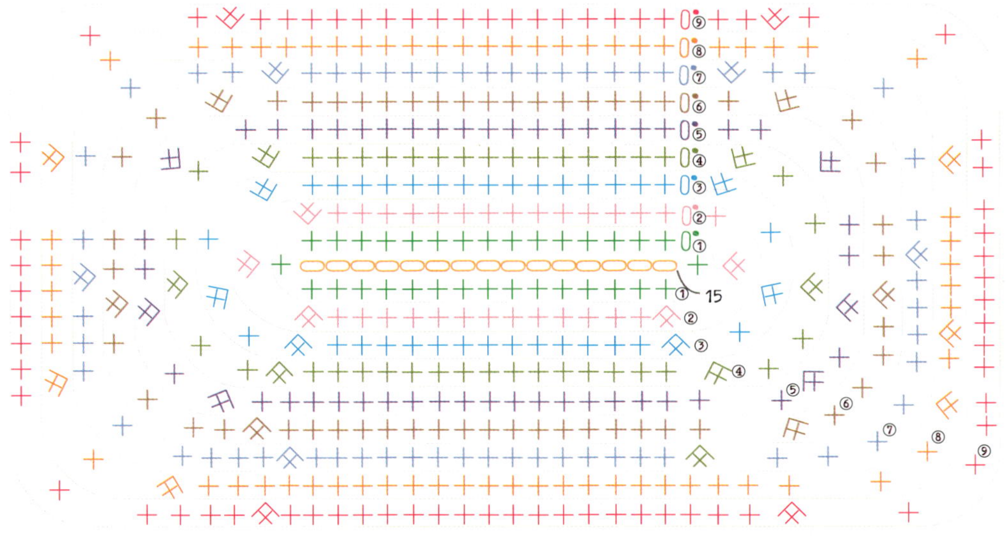

* 사슬 15코, 기둥코 세워서 시작
* 10단은 뒤코에만 걸어서 뜨기

단수	1	2	3	4	5	6	7	8	9	10	11	12
콧수	32코	38코	44코	50코	56코	62코	68코	74코		78코		

재료

* 실 소프트실(총 19g)
* 바늘 모사용 코바늘 5/0호
* 완성 치수 가로 15cm, 세로 9cm, 높이 4cm

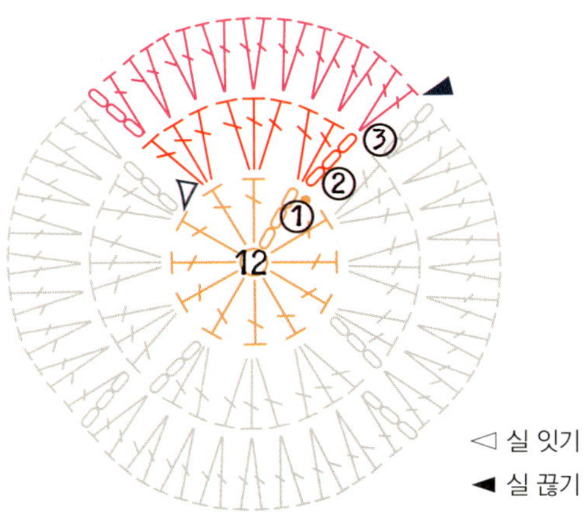

＊ 원형코를 만들어 한길긴뜨기 12코로 시작

재료		만드는 법	
	＊ 실 면실(작품 1개 총 3g)		1 꽃 중심부를 뜬다.
	＊ 바늘 모사용 코바늘 4/0호		2 실의 색을 교체해 꽃잎 1조각을 먼저 뜬다.
	＊ 완성 치수 지름 6cm		3 같은 방법으로 꽃잎 3조각을 더 떠서 완성한다.

곰돌이와 토끼 바스켓

똑같은 몸통에 귀만 다르게 해서 곰돌이와 토끼 모양의 바스켓을
만들었어요. 꼬리를 만들어서 더욱 귀여운 바스켓이 되었어요.

바닥과 기둥

5.5CM

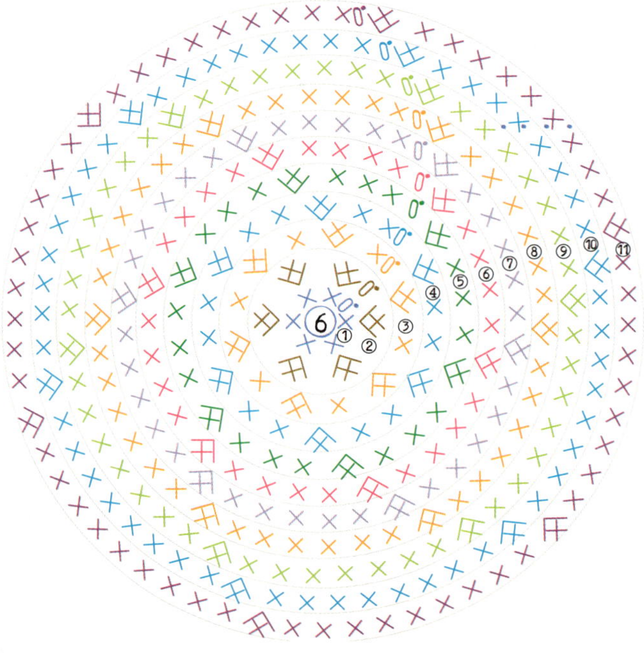

단수	콧수
24	
23	
22	
21	
20	
19	
18	66코
17	
16	
15	
14	
13	
12	
11	
10	60코
9	54코
8	48코
7	42코
6	36코
5	30코
4	24코
3	18코
2	12코
1	6코

＊ 원형코를 만들어 짧은뜨기 6코 시작

＊ 12단은 뒤쪽 반코에 걸어 뜬다

재료

＊ **실** 소프트울실(곰돌이 총 27g, 토끼 총 30g)

＊ **바늘** 모사용 코바늘 4/0호

＊ **완성 치수** 바닥 지름 10cm, 기둥 높이 5.5cm

＊ **부재료** 반진주, 검은색 펠트지 조금

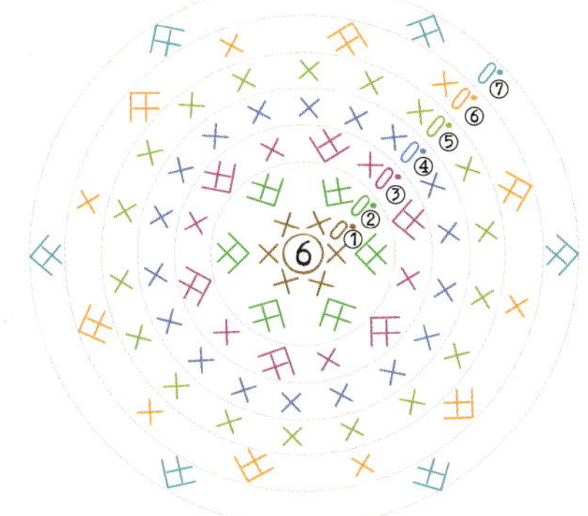

단수	콧수
7	6코
6	12코
5	18코
4	18코
3	
2	12코
1	6코

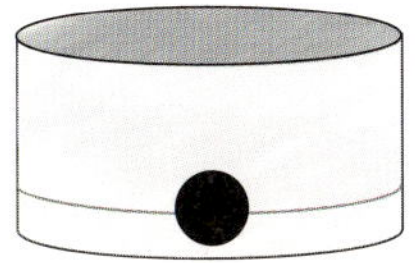
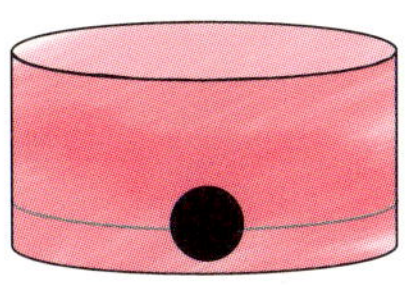

* 뒷면 아래쪽 중앙에 붙인다

곰돌이 귀

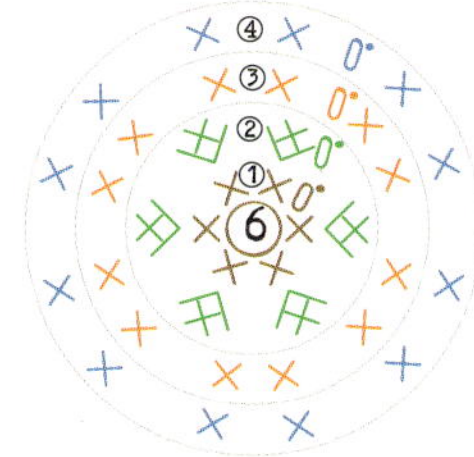

단수	콧수
4	12코
3	
2	
1	6코

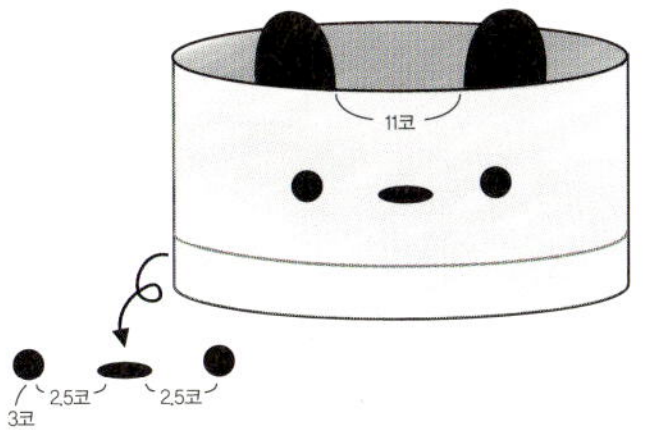

토끼 귀

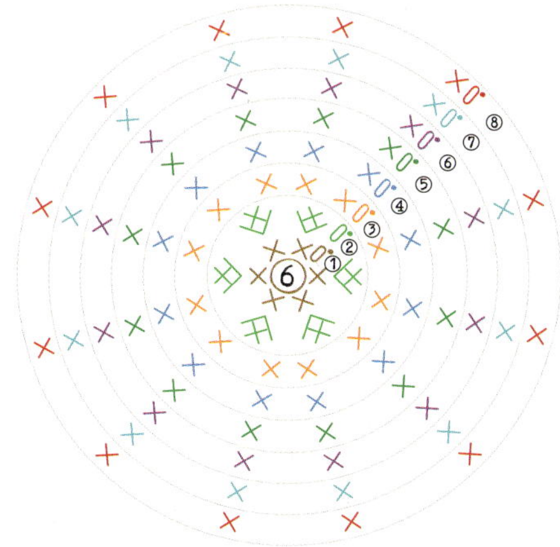

단수	콧수
8	12코
7	
6	
5	
4	
3	
2	
1	6코

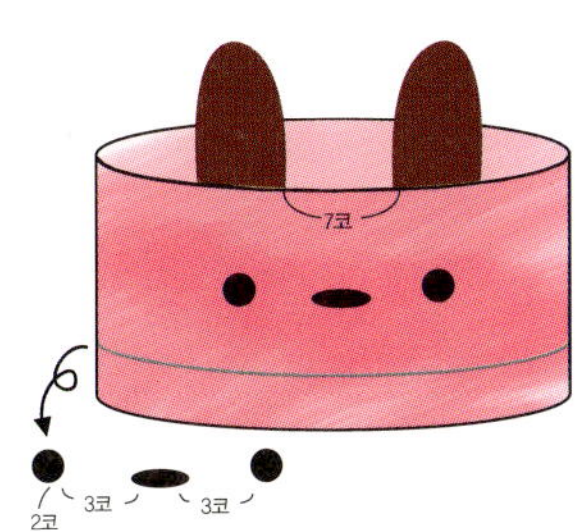

* 눈 부분에 반진주를 글루건으로 붙인다
* 펠트지로 코를 만들어 붙인다
(부재료가 없을 경우에는 실로 수를 놓는다)

셔링 꽃잎 바늘쌈지

봄이 되면 집 안 곳곳을 예쁜 꽃으로 가득 채우고 싶어지죠.
사랑스러운 색으로 셔링 꽃잎을 만들고 바늘쌈지 위에
살포시 얹어주면 한층 기분이 좋아져요.

꽃 파우치

다양한 모양의 꽃을 달아 화려한 파우치를
만들었어요. 예뻐서 가방 한곳에 숨겨두기 아쉬울
정도지만, 꺼내 쓸 때마다 기분이 좋을 거예요.

셔링 꽃잎 바늘쌈지

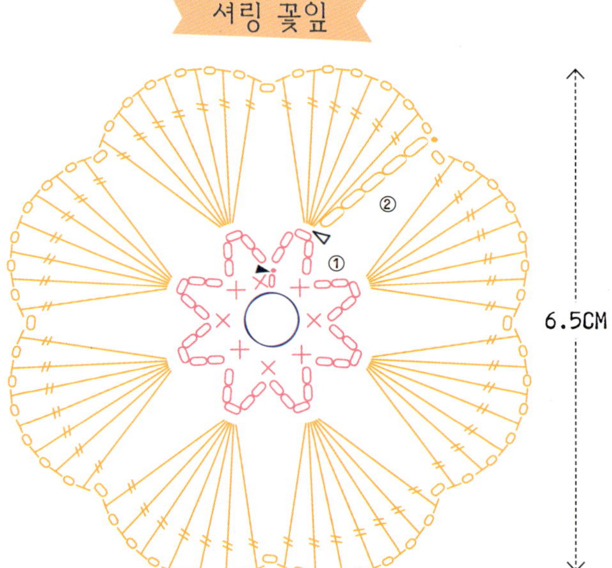

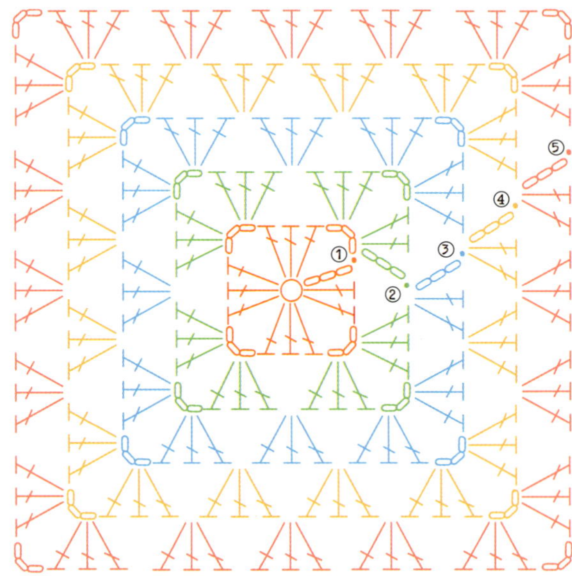

* 두 장을 겹쳐 4면을 뜬다

* 꽃을 위치에 놓고 바느질한다

재료	만드는 법
* 실 소프트실(솜 넣고 총 36g) * 바늘 모사용 코바늘 4/0호 * 완성 치수 10×10cm	1 셔링 꽃잎을 뜬다. 2 바늘쌈지 모티브 2장을 뜬 후, 겹쳐놓은 상태에서 3면의 　 가장자리를 뜬다. 3 솜을 채운 속쿠션을 넣어 나머지 한 면의 가장자리를 뜬다. 4 바늘쌈지 모티브에 셔링 꽃잎을 올려놓고 바느질하여 　 붙인다.

꽃 파우치

파우치

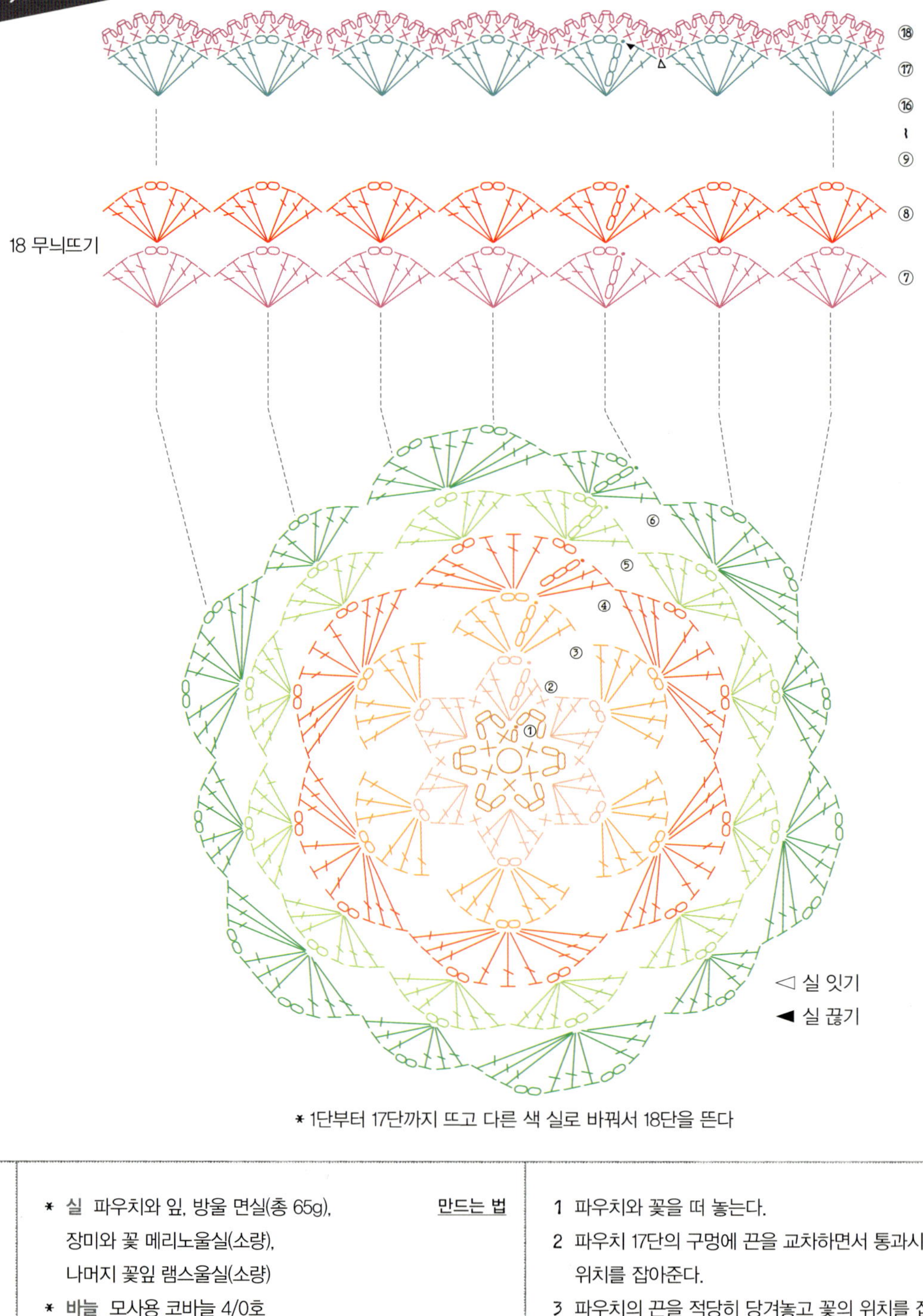

* 1단부터 17단까지 뜨고 다른 색 실로 바꿔서 18단을 뜬다

재료

* **실** 파우치와 잎, 방울 면실(총 65g), 장미와 꽃 메리노울실(소량), 나머지 꽃잎 램스울실(소량)
* **바늘** 모사용 코바늘 4/0호
* **완성 치수** 바닥 지름 19cm, 높이 12cm

만드는 법

1 파우치와 꽃을 떠 놓는다.
2 파우치 17단의 구멍에 끈을 교차하면서 통과시켜 끈의 위치를 잡아준다.
3 파우치의 끈을 적당히 당겨놓고 꽃의 위치를 잡아 바느질하여 붙인다.

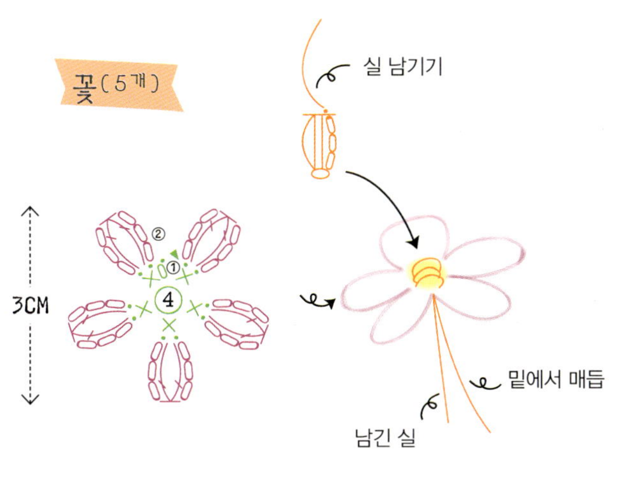

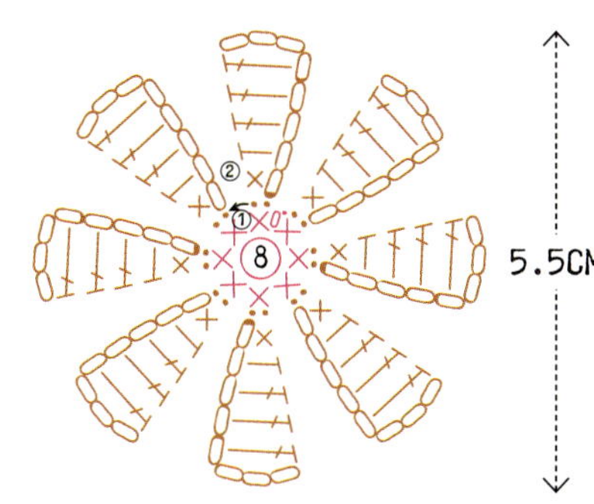

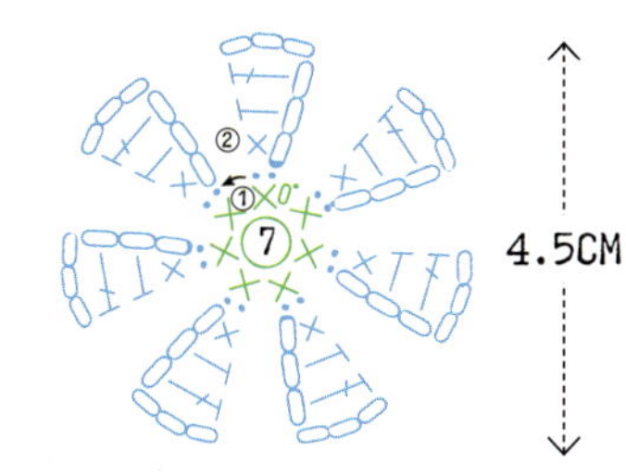

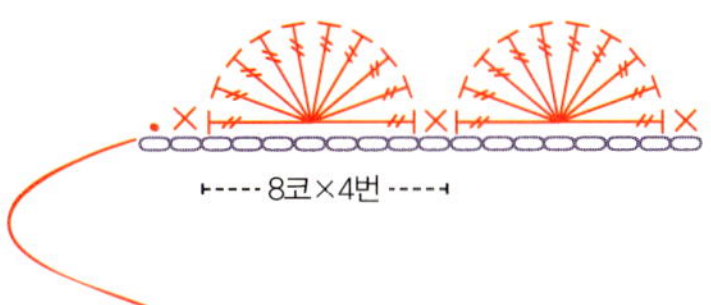

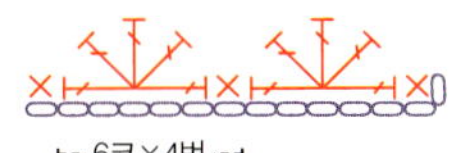

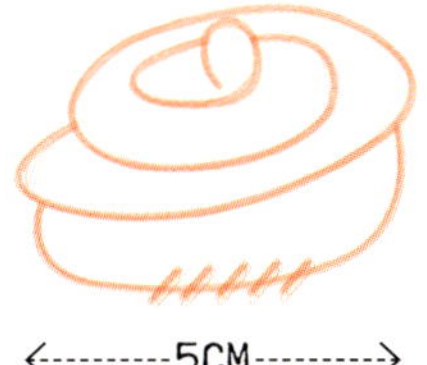

그림과 같이 돌돌
말아 모양을 잡은 후
남은 실을 이용해
바느질하여 고정시킨다

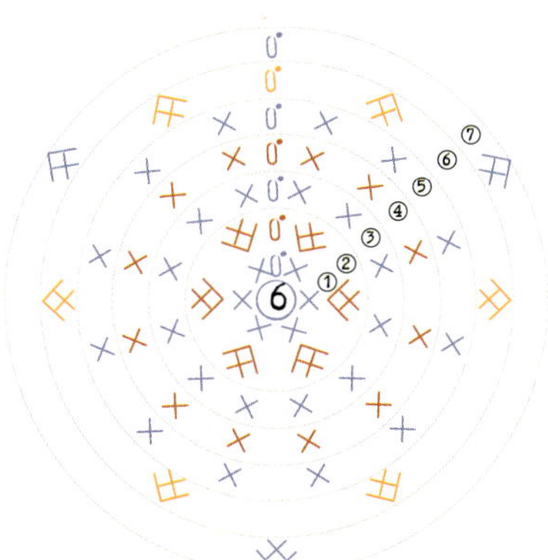

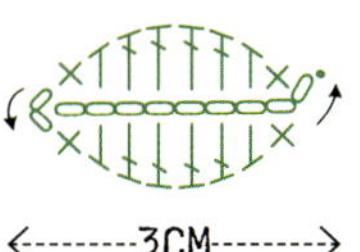

단수	콧수
7	3코
6	6코
5	12코
4	12코
3	12코
2	12코
1	6코

모티브 파우치

파란색의 파우치에 빨간 장미를 달면 독특한 느낌을 줄 수 있어요.
문이나 벽 어디에 걸어두어도 예쁜 아이템이에요.
포푸리를 넣어 사용하면 향기로운 아이템으로 거듭나겠죠!

끈

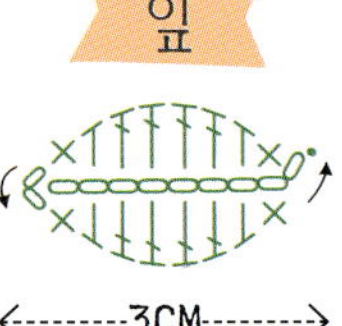

잎

180코

◁-------3CM------▷

장미

├─8코×4번─┤   ├─6코×4번─┤

실을 충분히
남겨 놓는다

◁--------5CM--------▷

그림과 같이 돌돌 말아 모양을
잡은 후 남은 실을 이용해
바느질하여 고정시킨다

모티브

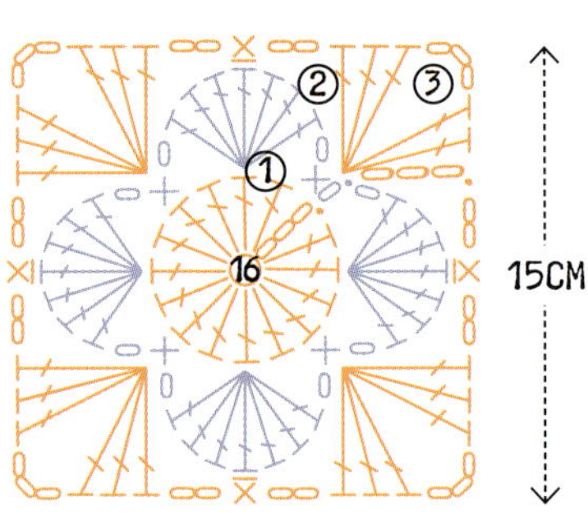

15CM

모티브 연결

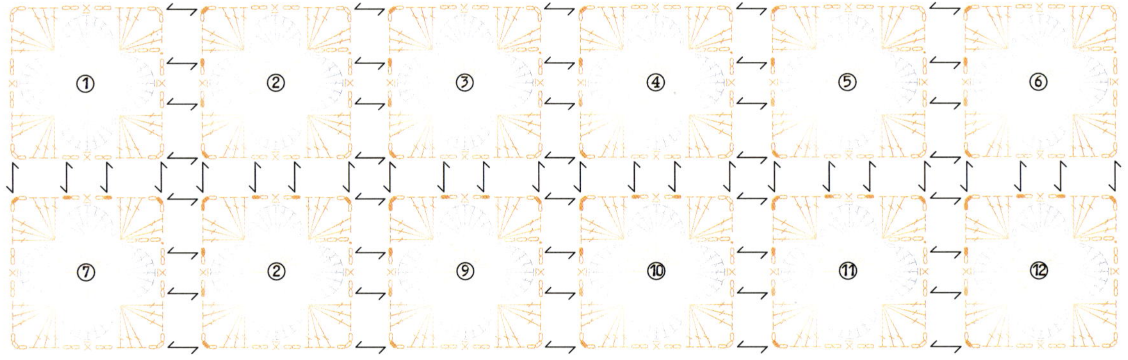

재료

* 실 메리노울실(총 69g)
* 바늘 모사용 코바늘 4/0호
* 완성 치수 높이 15cm, 바닥 16cm

만드는 법

1 모티브 1개를 먼저 뜨고 번호 순서대로 연결하면서
  나머지도 뜬다.
2 밑면을 12단까지 뜨고, 연결해 놓은 모티브와 돗바늘로
  이어 붙인다.
3 계속해서 윗단을 연결해서 뜬다.

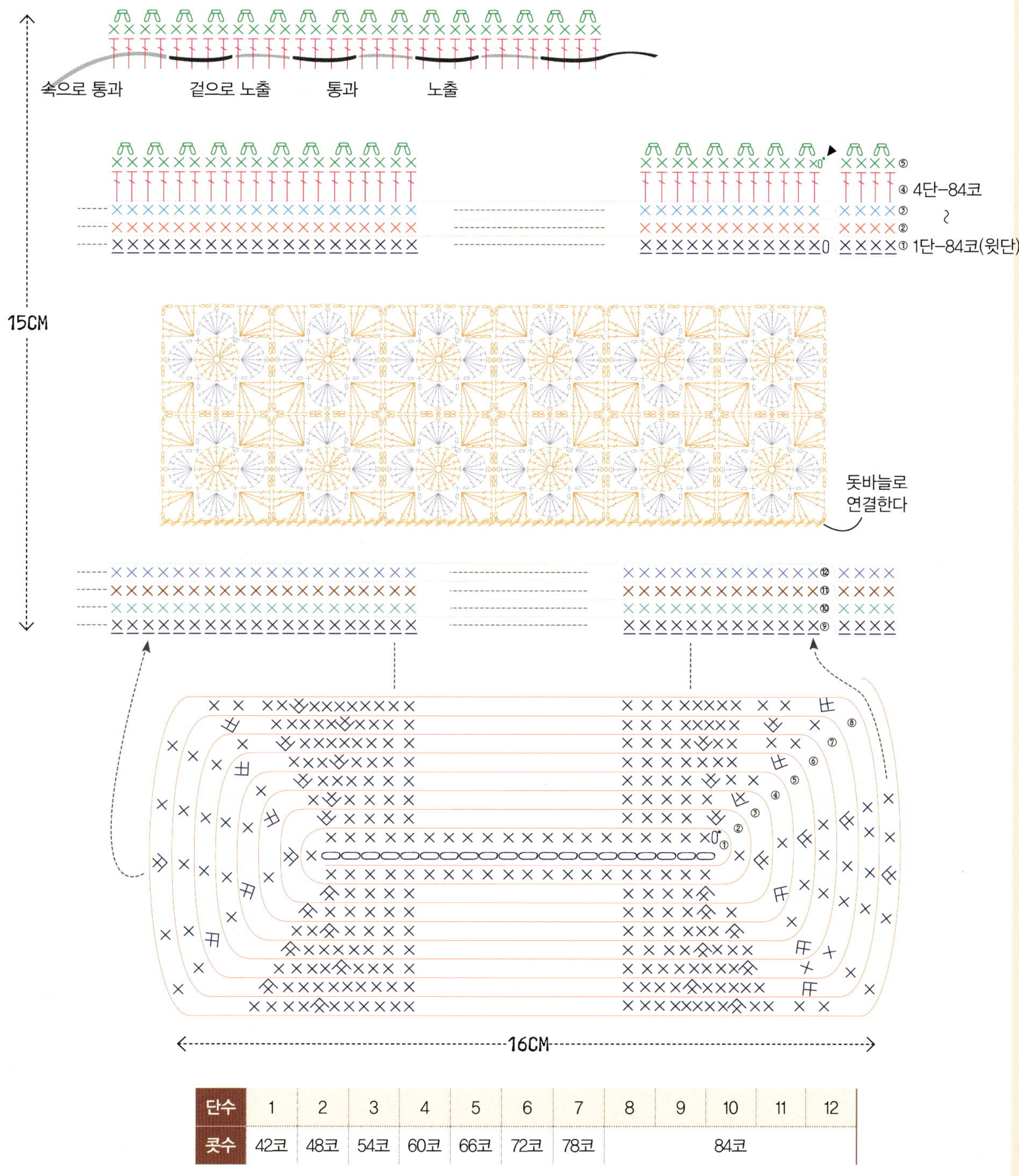

단수	1	2	3	4	5	6	7	8	9	10	11	12
콧수	42코	48코	54코	60코	66코	72코	78코	84코				

꽃밭 모양 바구니 덮개

사슬뜨기로 만든 꽃잎 여러 개를 연결하여
만들었어요. 바구니 덮개로 유용한
아이템이에요. 소파에 살짝 걸쳐만 두어도
화사한 분위기를 연출할 수 있어요.

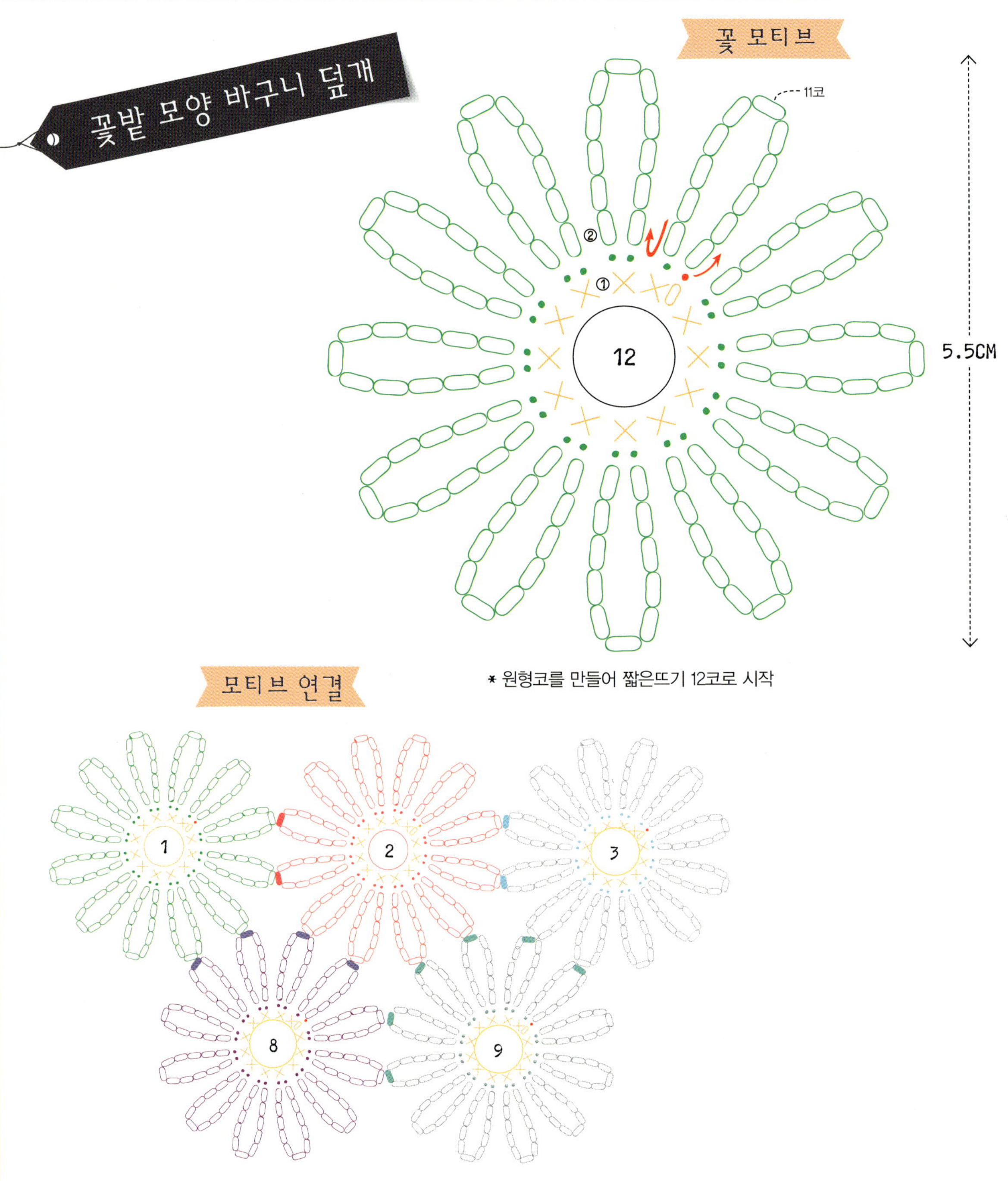

* 원형코를 만들어 짧은뜨기 12코로 시작

재료

* 실 메리노울실(총 54g)
* 바늘 모사용 코바늘 3/0호
* 완성 치수 35×30cm

* 꽃 모티브 1개를 먼저 만들고 순서대로 뜨면서
총 46개의 모티브를 연결한다

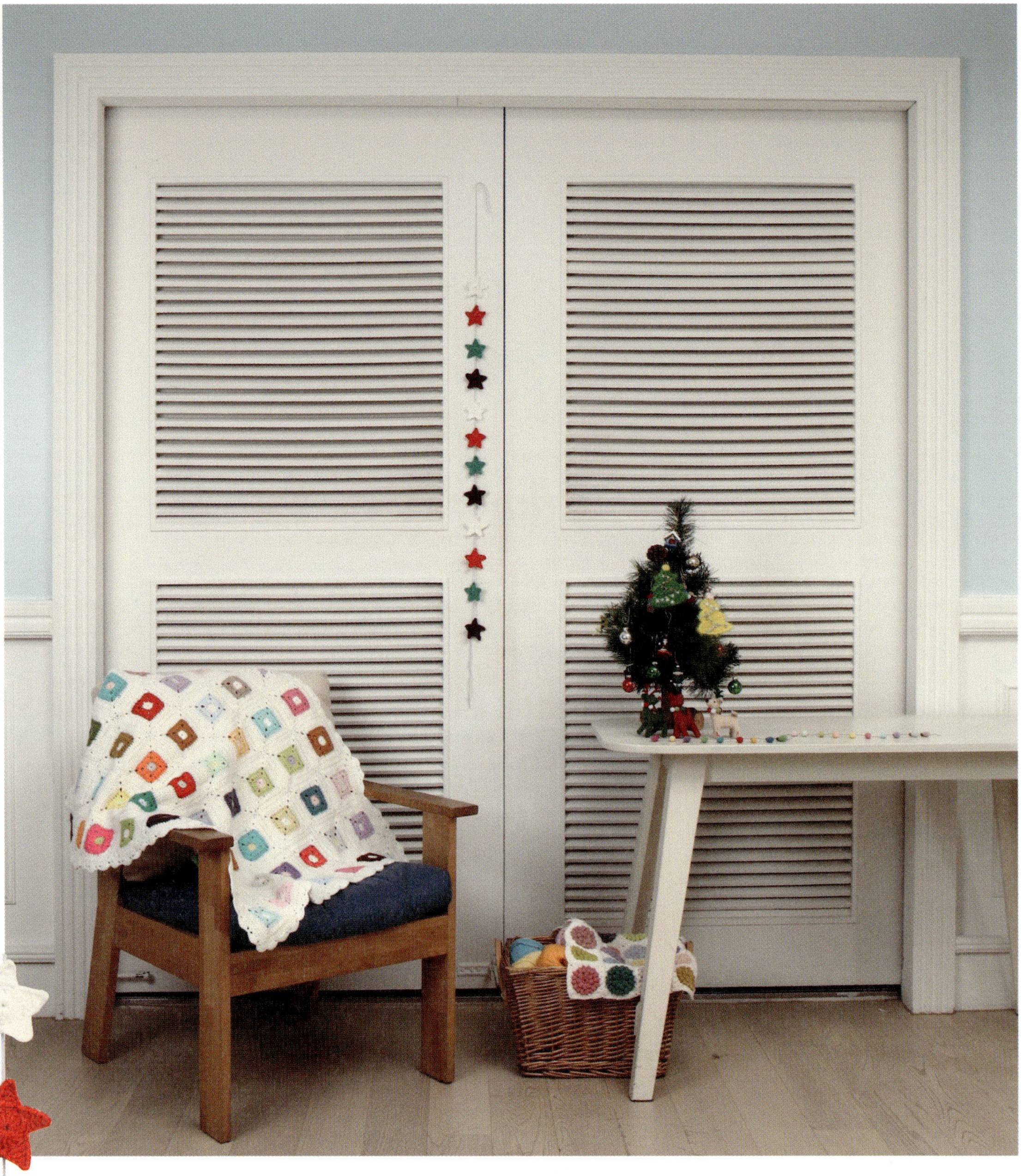

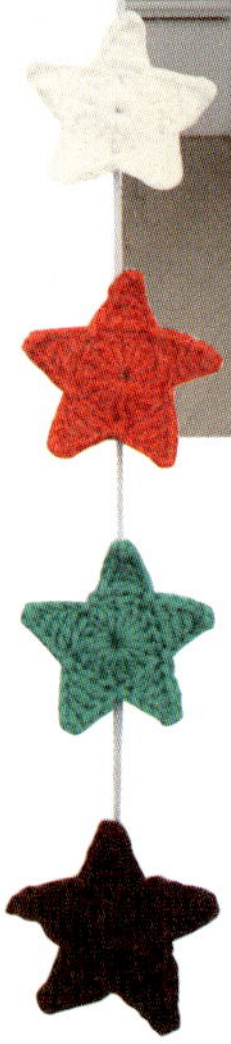

크리스마스 콘셉트 1

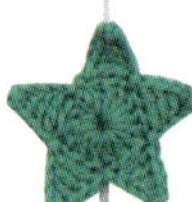

미니 별 플래그

작은 별을 여러 개 만들어 가로로 걸어놓거나 세로로 길게 늘어뜨려 인테리어 소품으로 활용할 수 있어요. 크리스마스 아이템으로도 좋아요.

꼬마전구&트리 수세미

크리스마스 분위기를 한층 업그레이드할 수 있는 반짝반짝 빛이 나는 것
같은 꼬마전구. 책상 선반이나 작은 트리에 대롱대롱 매달아 주면 좋아요.
트리 모양의 수세미는 설거지를 할 때도 크리스마스 기분을 느끼게 해주는
상큼한 아이템이에요. 바로바로 만들어 선물해도 좋아요.

미니 양말&미니 볼&
미니 삼각 플래그

크리스마스라면 역시 선물을 바라며 걸어두는 양말이
빠질 수 없죠. 미니 볼과 미니 삼각 플래그까지 다양하게 만들어
크리스마스 선물로 활용해도 좋아요.

미니 별 플래그

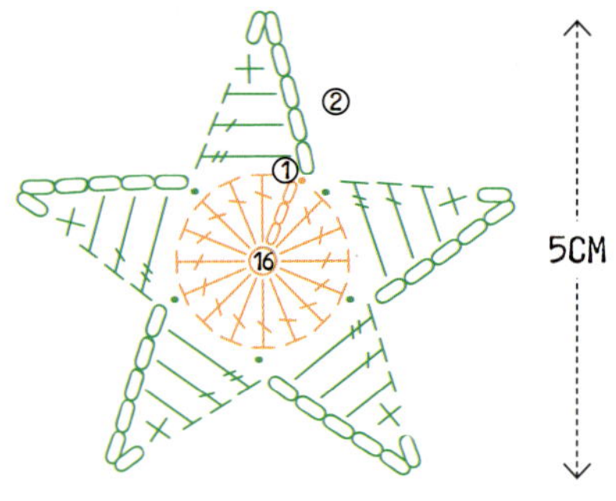

* 원형코를 만들어 한길긴뜨기 16코 시작
* 뒷면에 돗바늘로 실을 연결한다

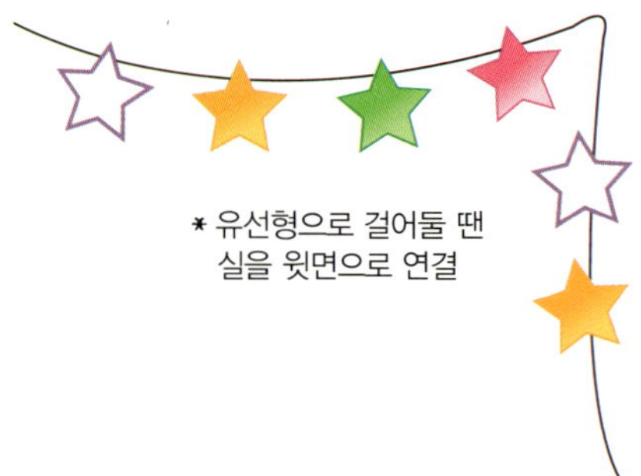

재료

* 실 메리노울실(소량)
* 바늘 모사용 코바늘 4/0호
* 완성 치수 별 모티브 5cm

전구 몸통 A

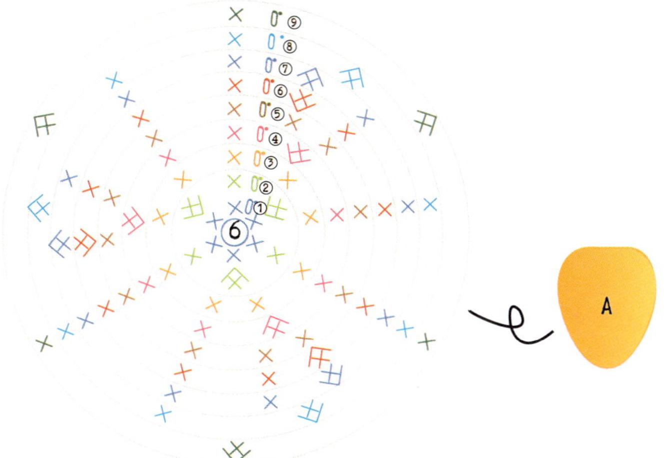

단수	콧수
9	6코
8	9코
7	12코
6	15코
5	12코
4	12코
3	9코
2	9코
1	6코

전구 베이스 B

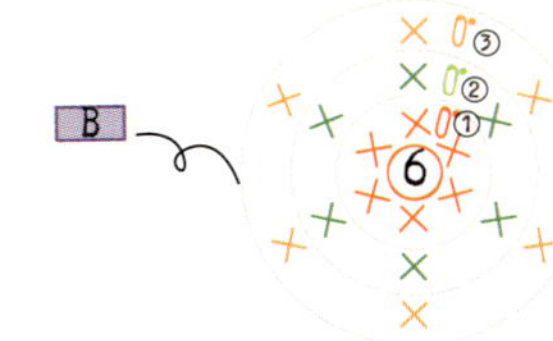

단수	콧수
3	6코
2	6코
1	6코

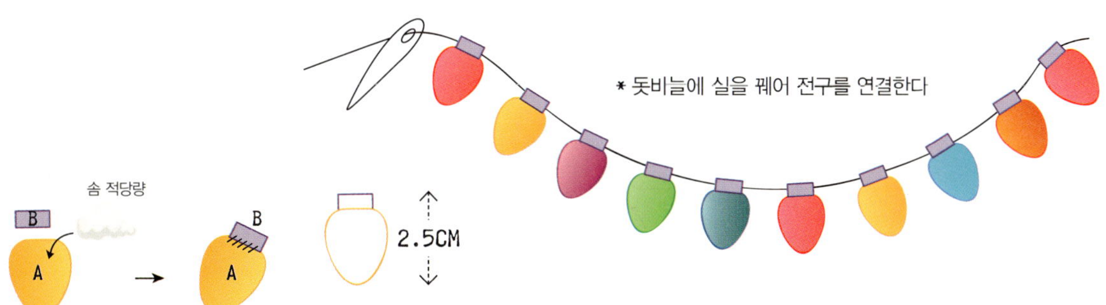

* A에 솜을 넣고 바느질해서 B와 연결한다

재료　*　실　레이스실(소량)
　　　*　바늘　레이스용 코바늘 2/0호
　　　*　완성 치수　2.5cm

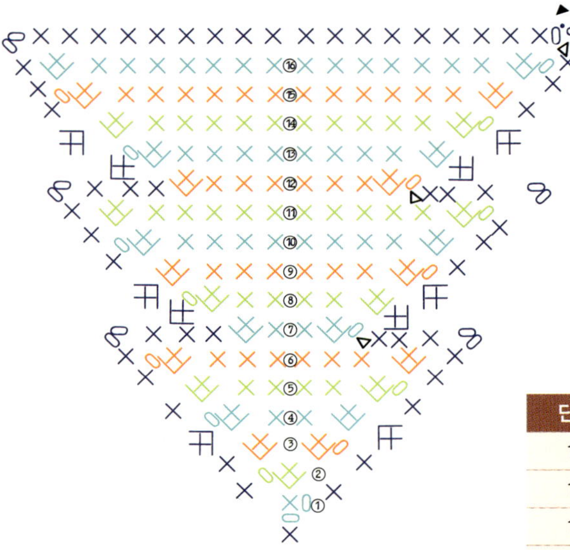

* 가장자리는 마지막에 뜬다

* 색실로 수를 놓아 트리를 장식한다

단수	콧수
16	18코
15	16코
14	14코
13	12코
12	10코
11	14코
10	12코
9	10코
8	8코
7	6코
6	10코
5	8코
4	6코
3	4코
2	2코
1	1코

재료
* 실 아크릴 반짝이 수세미실(총 5g)
* 바늘 모사용 코바늘 2/0호
* 완성 치수 높이 9.5cm, 가로 8cm

단수	콧수
20	
19	
18	
17	
16	16코
15	
14	
13	
12	
11	16코
★10	16코
9	
8	
7	
6	16코
5	짧은뜨기 8코, 사슬뜨기 8코
4	
3	
2	8코
1	4코

양말 뒤꿈치

7.5CM

★ 10단

10단

5~19단

20단

1~4단

10단

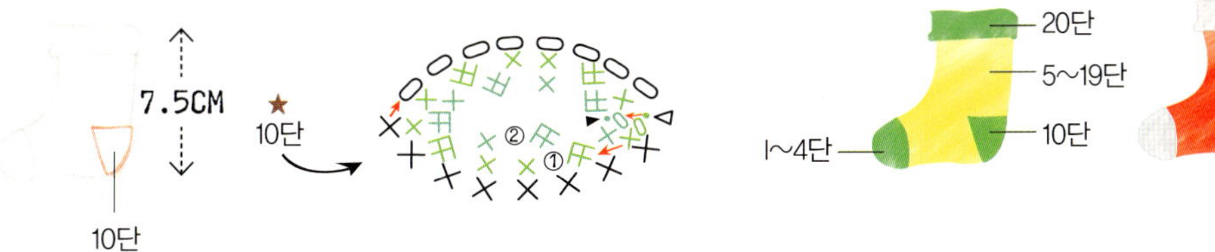

재료
* 실 면실(소량)
* 바늘 모사용 코바늘 3/0호
* 완성 치수 높이 7.5cm, 바닥 4.5cm

미니 볼

미니 볼

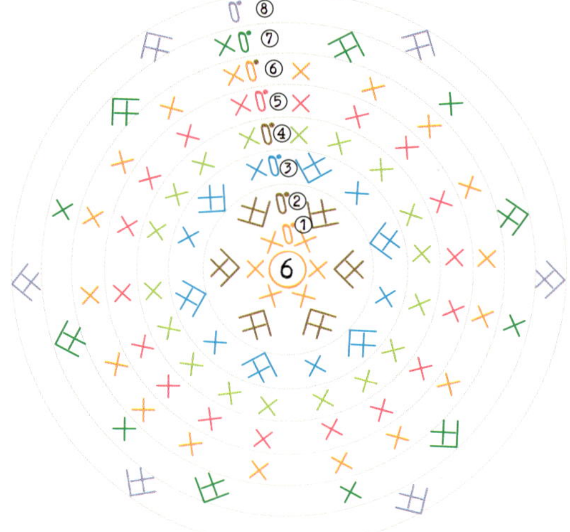

단수	콧수
8	6코
7	12코
6	18코
5	
4	
3	
2	12코
1	6코

＊ 원형코로 만들어 짧은뜨기 6코 시작

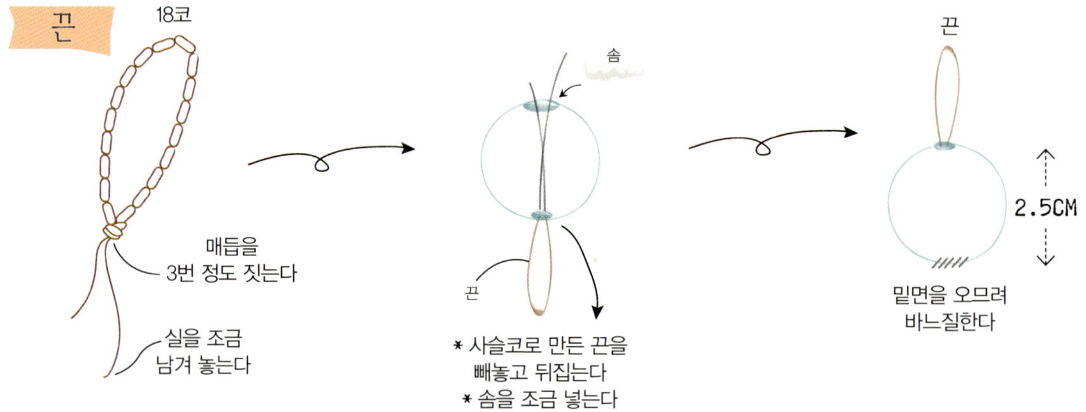

재료

＊ 실 면실(소량)

＊ 바늘 모사용 코바늘 3/0호

＊ 완성 치수 지름 2.5cm

끈

실 남기기
126코

삼각 모티브

뜨는 방향

3.5CM

<----- 3CM ----->

단수	콧수
8	1코
7	2코
6	
5	4코
4	
3	6코
2	
1	8코

연결

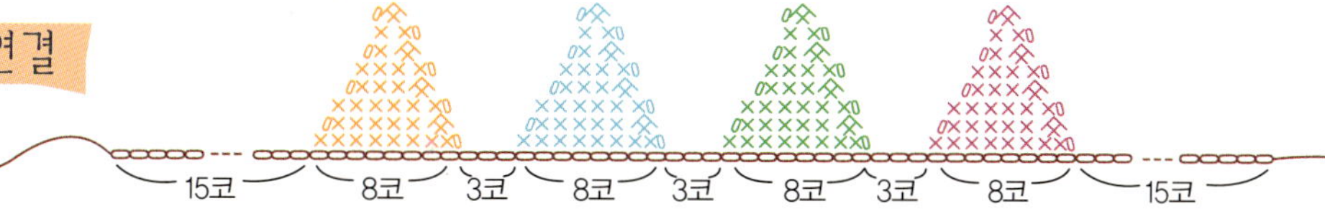

15코　8코　3코　8코　3코　8코　3코　8코　15코

<----- 53CM ----->

재료	* 실 면실(소량)	만드는 법	1 끈은 사슬 126코를 뜬다.
	* 바늘 모사용 코바늘 3/0호		2 끈 위에 삼각 모티브를 연결해서 뜬다.
	* 완성 치수 별 모티브 3×3.5cm, 전체 53cm		

일상에 여유를 더하는 따뜻한 쉼표

모티브를 활용한 소품 만들기

하트 모티브 바늘쌈지&
미니 쿠션

하트 모티브를 활용하여 미니 쿠션을 만들었어요.
같은 도안을 얇은 실로 바꿔 뜨면 작은 바늘쌈지도 만들 수 있어요.

미니 쿠션

하트 모티브 쿠션

앞판은 큰 하트 하나로 만들었어요. 뒤판은 미니 쿠션과 같은 사이즈의
네 가지 색 하트 모티브를 연결해 아기자기한 느낌을 더했어요. 테두리는
알록달록한 폼폼을 달아 사랑스럽게 마무리했어요.

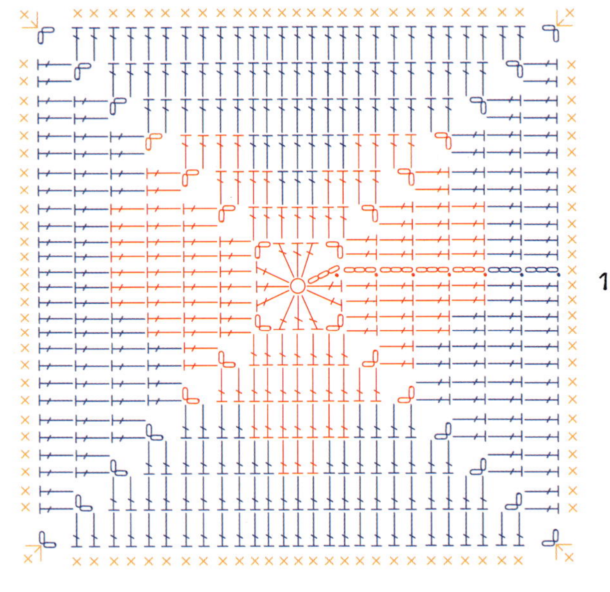

10CM

바늘쌈지

* 모티브를 2장 뜨고 겹쳐서 가장자리를 뜬다

재료	* 실 면실(솜 넣고 총 24g)
	* 바늘 모사용 코바늘 3/0호
	* 완성 치수 10×10cm

미니 쿠션

재료	* 실 소프트실(솜 넣고 총 62g)
	* 바늘 모사용 코바늘 4/0호
	* 완성 치수 15×15cm

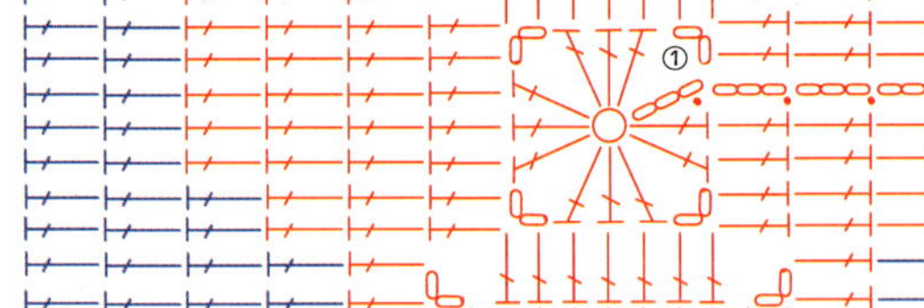

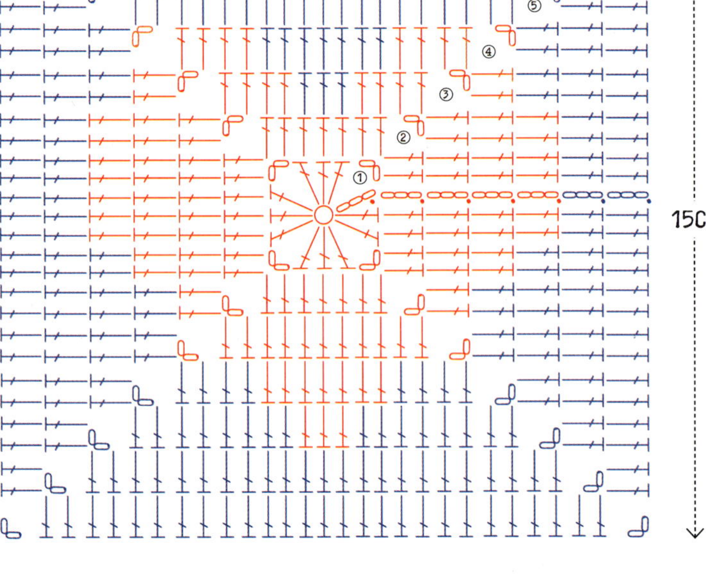

15CM

쿠션 앞판

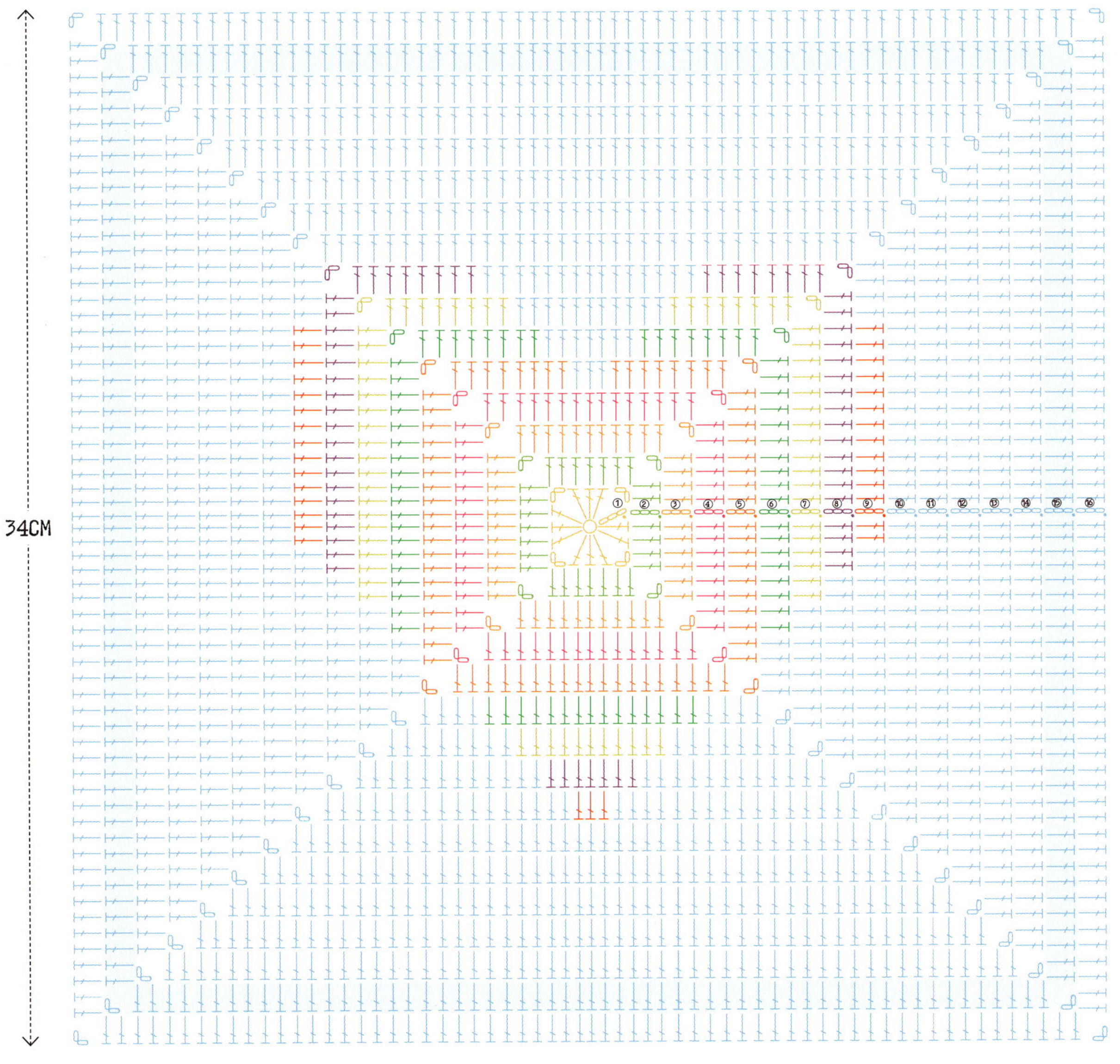

34CM

재료
* 실 소프트실(총 210g)
* 바늘 모사용 코바늘 4/0호
* 완성 치수 34×34cm

쿠션 뒤판

34CM

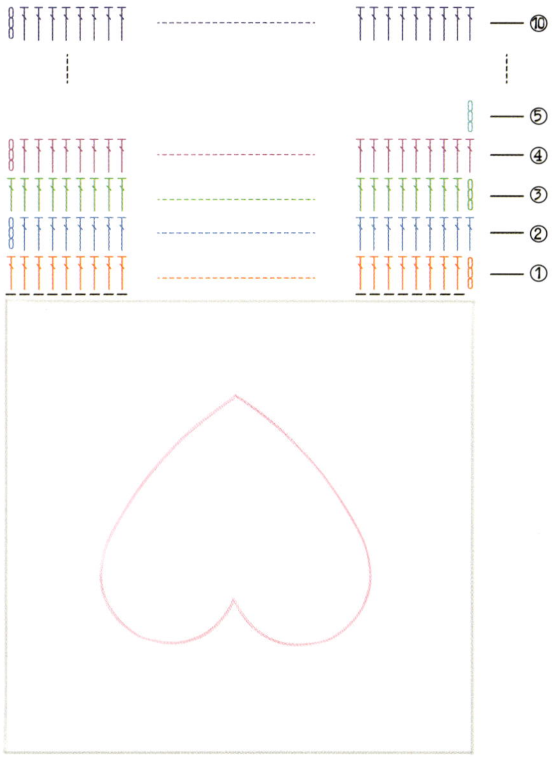

* 쿠션 앞판을 거꾸로 놓은 상태에서
윗단에 이어서 뜬다

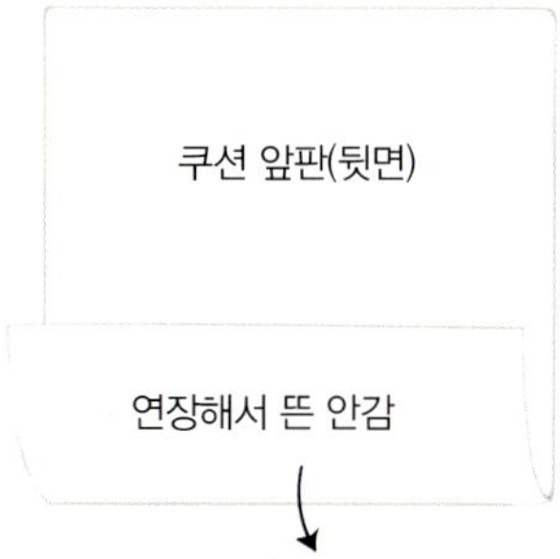

쿠션 뒤판(앞면)

쿠션 앞판(뒷면)

안감

(1) 쿠션 안쪽으로
들어가도록 위치를 잡고
시침핀으로 고정시킨다

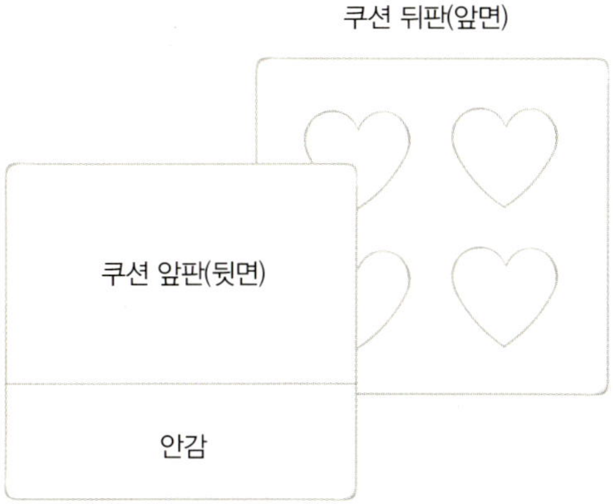

(2) 그림처럼 같은
위치에 놓고 3면을
돗바늘로 연결한다

(3) 바느질된 쿠션을 뒤집어 놓고 폼폼을 단다

TIP | 폼폼은 실로 달 수도 있지만 글루건을 이용하면
더 쉽고 빠르게 달 수 있어요!

셔링 꽃 모티브 매트&무릎담요

자투리 실을 활용해도 좋고, 원하는 색의 실을
마음 가는 대로 골라서 만들어도 좋아요. 셔링 꽃 모티브 여러 개를
연결해서 화사하게 완성했어요.

셔링 꽃 모티브 쿠션

이번에는 통통 튀는 느낌의 셔링 꽃 모티브를
활용하여 쿠션을 만들었어요. 앞판과 뒤판의
디자인을 달리해 기분이나 분위기에 따라 적절하게
매치할 수 있도록 했어요.

바깥쪽 모티브

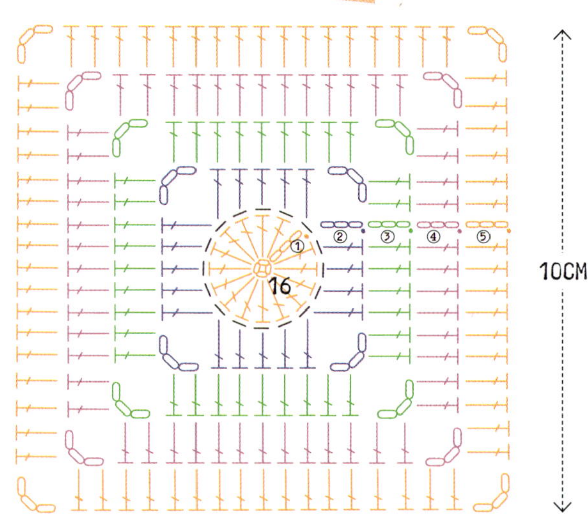

* 사슬 4코를 원형으로 만들어서 한길긴뜨기 16코 시작
* 2단의 ⊤ 는 앞의 뒤쪽 반코에 걸어 뜬다

셔링 꽃

* 셔링 꽃은 모티브를 뜬 후 1단에 남은 앞쪽 반코에 걸어 뜬다
TIP ┃ 셔링 꽃 없이 무릎담요를 만들면 심플한 모양으로 연출할 수 있어요!

재료

* 실 셔링 꽃 면실(1개 7g), 나머지 메리노울실(전체 650g, 흰 바탕 모티브 총 460g)
* 바늘 셔링 꽃 모티브 모사용 코바늘 3/0호, 나머지 모사용 코바늘 4/0호
* 완성 치수 90×80cm

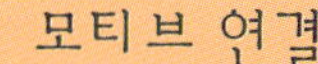

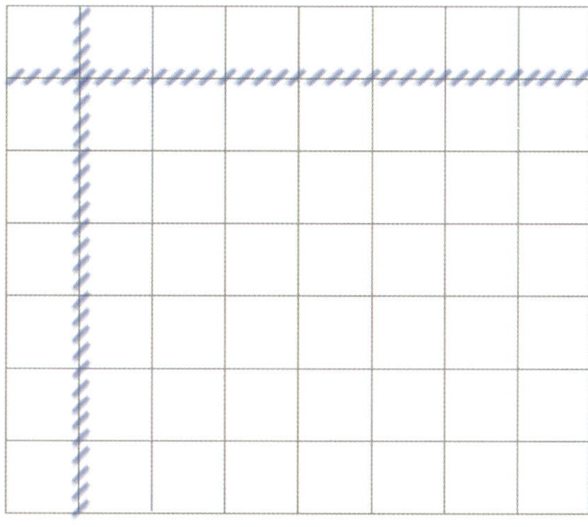

* 무릎담요는 총 56개의 모티브를 돗바늘을 이용해 연결한다

* 매트는 총 28개를 연결해준다

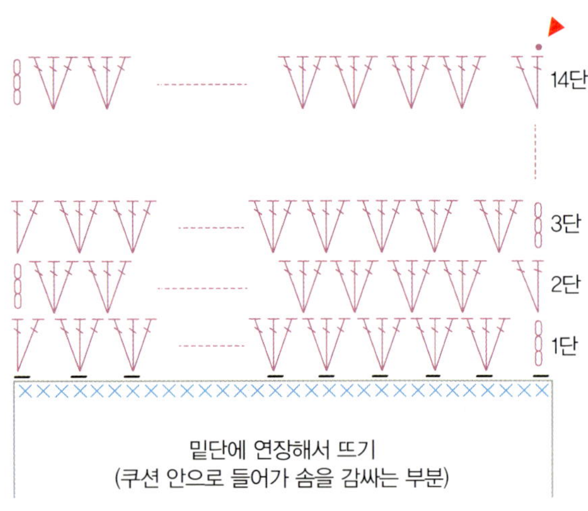

* 총 25개 모티브를 돗바늘로 연결하고 가장자리를 뜬다

* 쿠션을 만들 때는 무릎담요와 다르게 바깥쪽 모티브를 4단까지만 뜬다

(1)

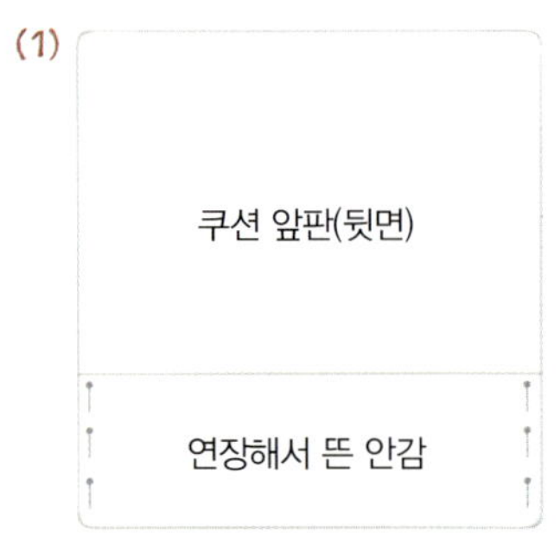

쿠션 앞판에 연장해서 뜬 부분을
쿠션의 안쪽으로 들어가도록 위치를
잡아 시침핀으로 고정한다

(2)

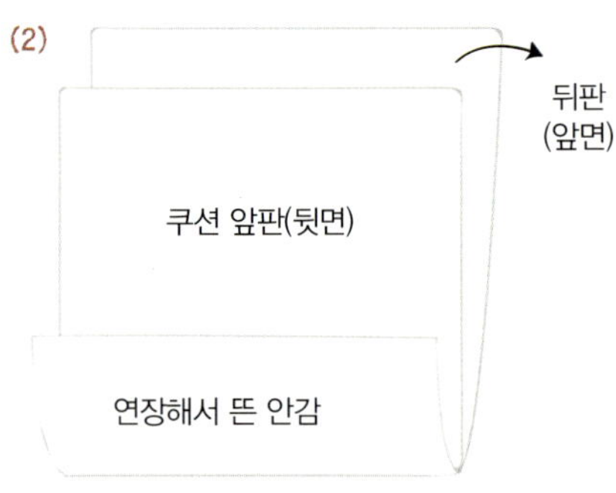

(3)

쿠션 앞 · 뒷면을 겹쳐놓고 3면을
돗바늘로 바느질한다.
바느질 후 뒤집어서 솜을 넣는다

재료	
	＊ 실 셔링 꽃 면실(1개 7g), 나머지 메리노울실(전체 280g)
	＊ 바늘 모사용 코바늘 4/0호
	＊ 완성 치수 38×38cm

퐁퐁 꽃 모티브 매트&블랭킷

퐁퐁 꽃을 여러 개 이어서 블랭킷을 만들었어요.
꽃을 여러 개 뜨고 선에 색을 넣어 연결하면 더욱 사랑스럽게
연출할 수 있어요. 매트를 먼저 만들고 블랭킷에 도전해보세요.

퐁퐁 꽃 모티브 쿠션

은은한 색의 실을 사용하여 꽃을 여러 개 뜨고
연결하여 쿠션을 만들었어요.
소파에 살짝 올려만 두어도 좋아요.

퐁퐁 꽃

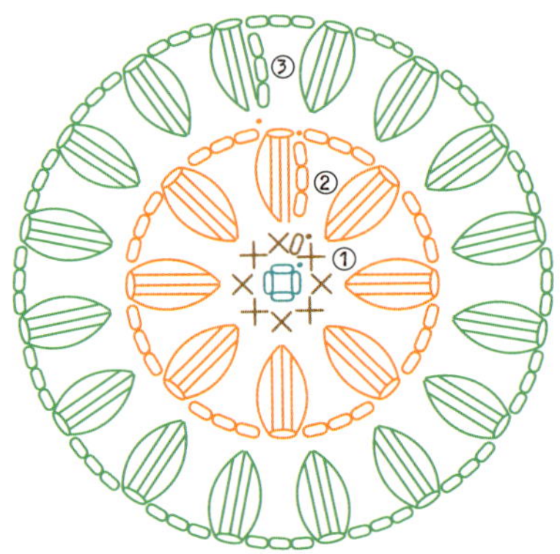

*** 사슬 4코로 원형을 만들어 시작**

바깥쪽 모티브

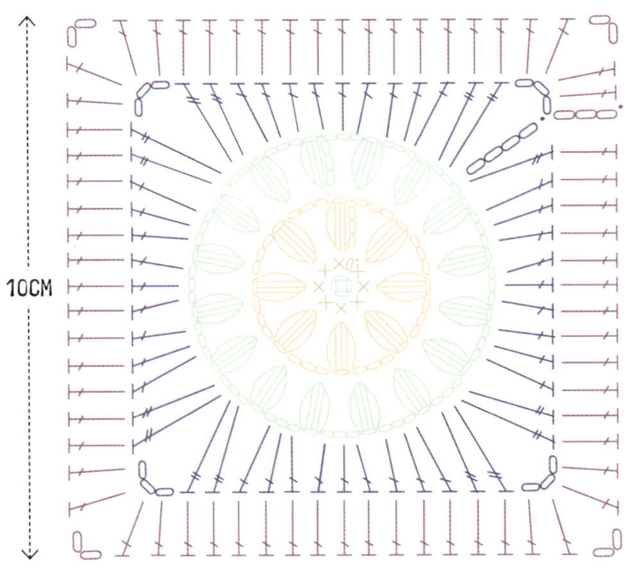

*** 퐁퐁 꽃에 이어서 뜬다**

재료
* *** 실** 퐁퐁 꽃 메리노울실(1개 9g), 나머지 소프트실(13가지 색볼 각각 45g 사용, 전체 630g)
* *** 바늘** 모사용 코바늘 4/0호
* *** 완성 치수** 145×85cm

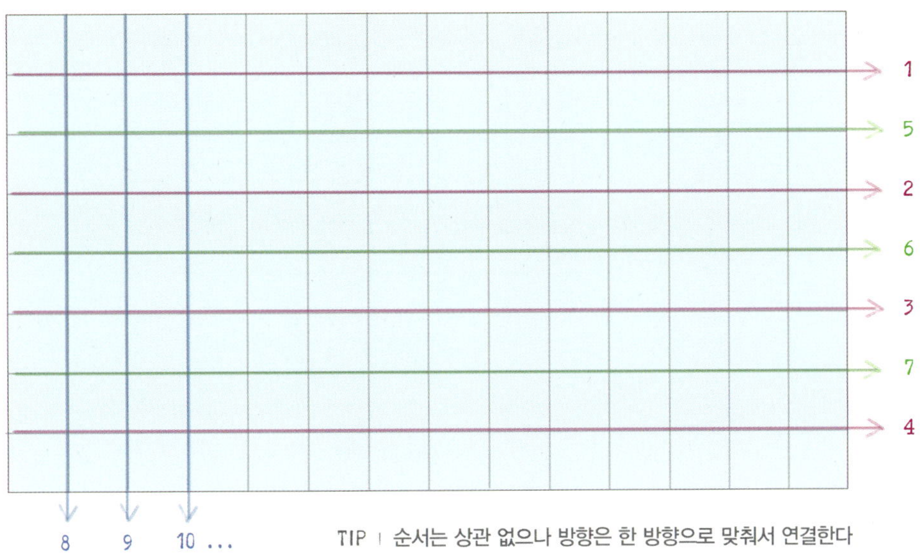

TIP ᅵ 순서는 상관 없으나 방향은 한 방향으로 맞춰서 연결한다

＊ 블랭킷은 총 112개의 모티브를 돗바늘로 연결한다

＊ 매트는 총 28개를 연결해준다

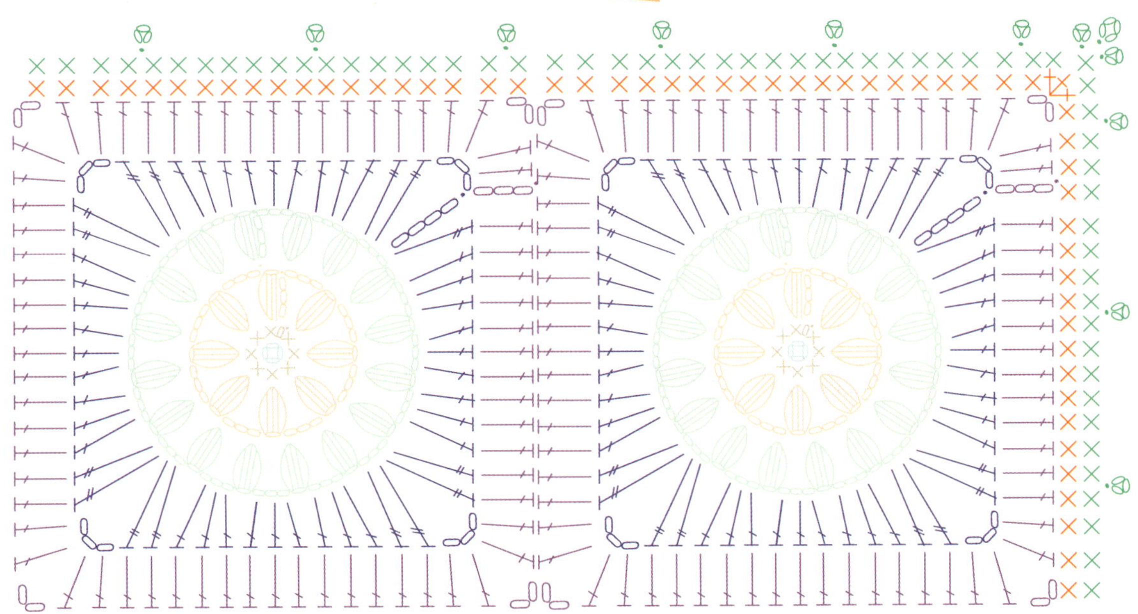

쿠션 앞판

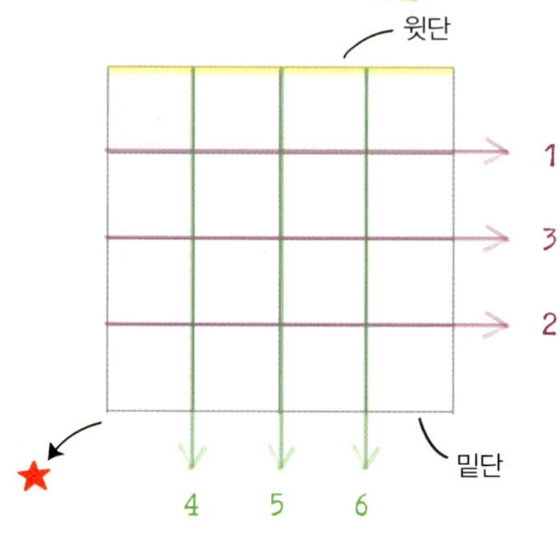

(1) 모티브 연결하기(16개)

TIP | 순서는 상관 없으나 한 방향으로 맞춰 연결한다

가장자리

(2) 쿠션 앞판의 가장자리를 뜬다

재료

* 실 퐁퐁 꽃 메리노울실(1개 9g), 소프트실(전체 330g)
* 바늘 모사용 코바늘 4/0호
* 완성 치수 40×40cm

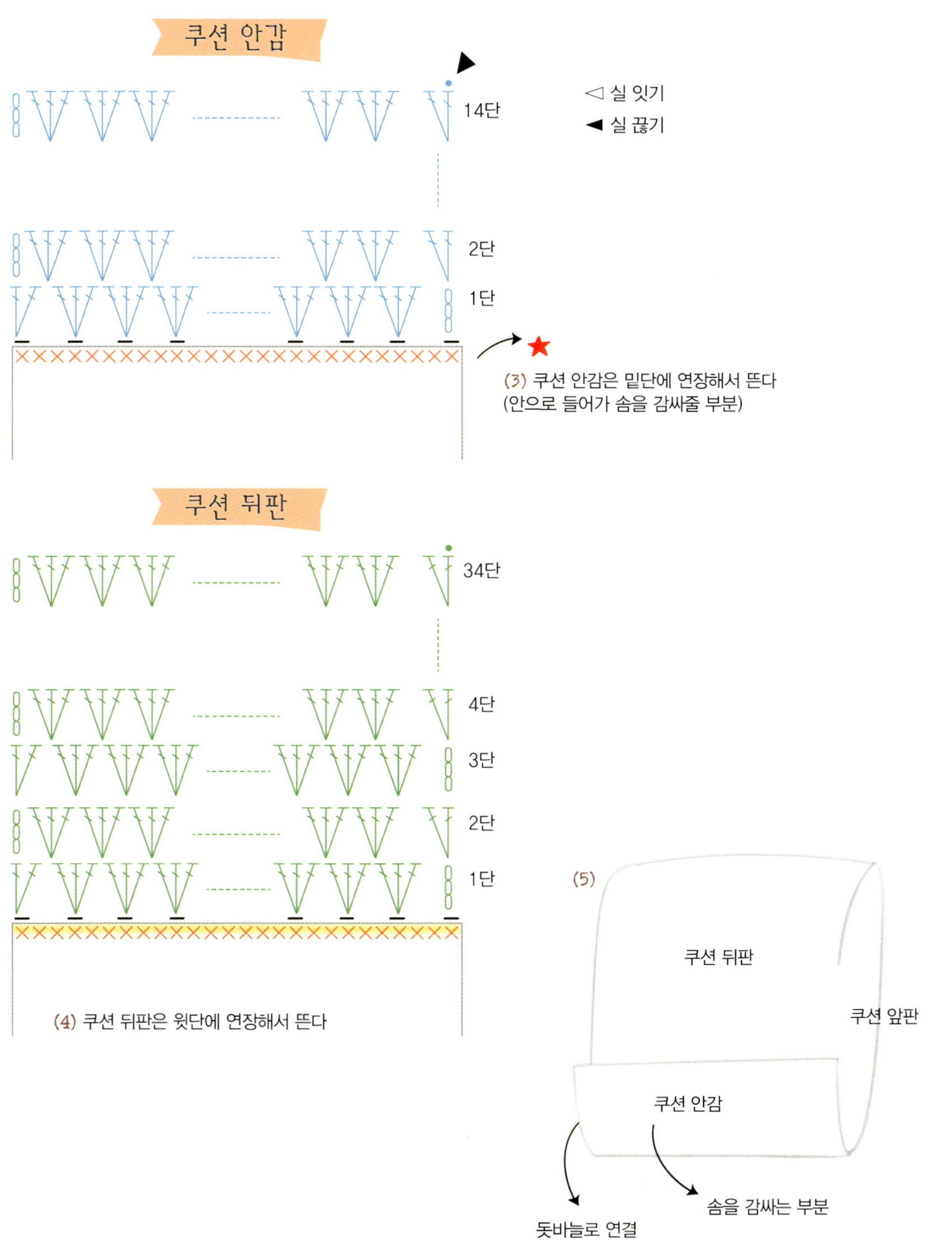

★ (3) 쿠션 안감은 밑단에 연장해서 뜬다
(안으로 들어가 솜을 감싸줄 부분)

(4) 쿠션 뒤판은 윗단에 연장해서 뜬다

(5)

(6) 그림과 같이 자리를 잡아서 양면을 돗바늘로 감친 후 뒤집는다

도구와 기법

코바늘 손뜨개의 기초를 꼼꼼히 살펴보고,
작품 만들기에 도전하세요.

도구 소개

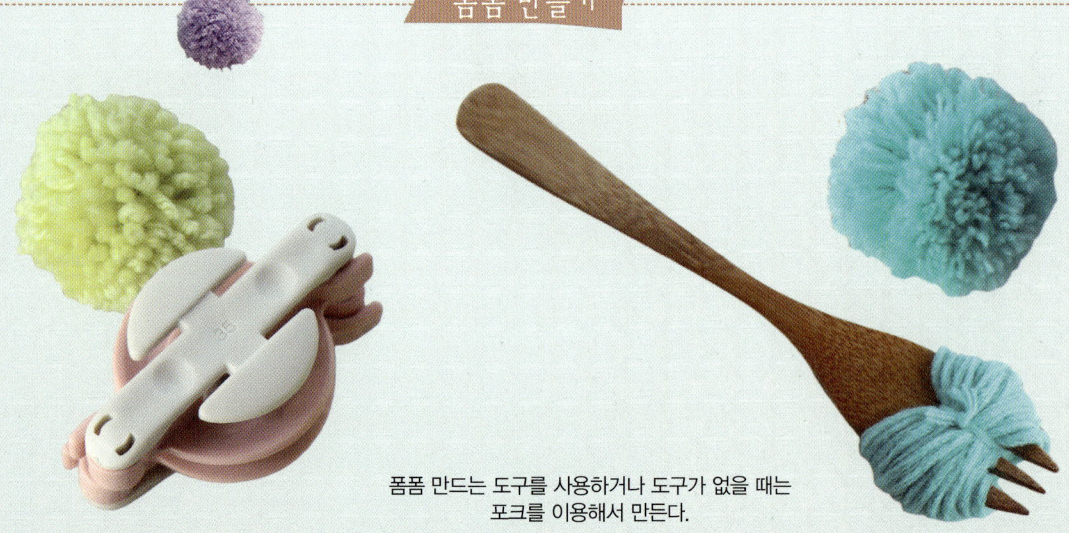

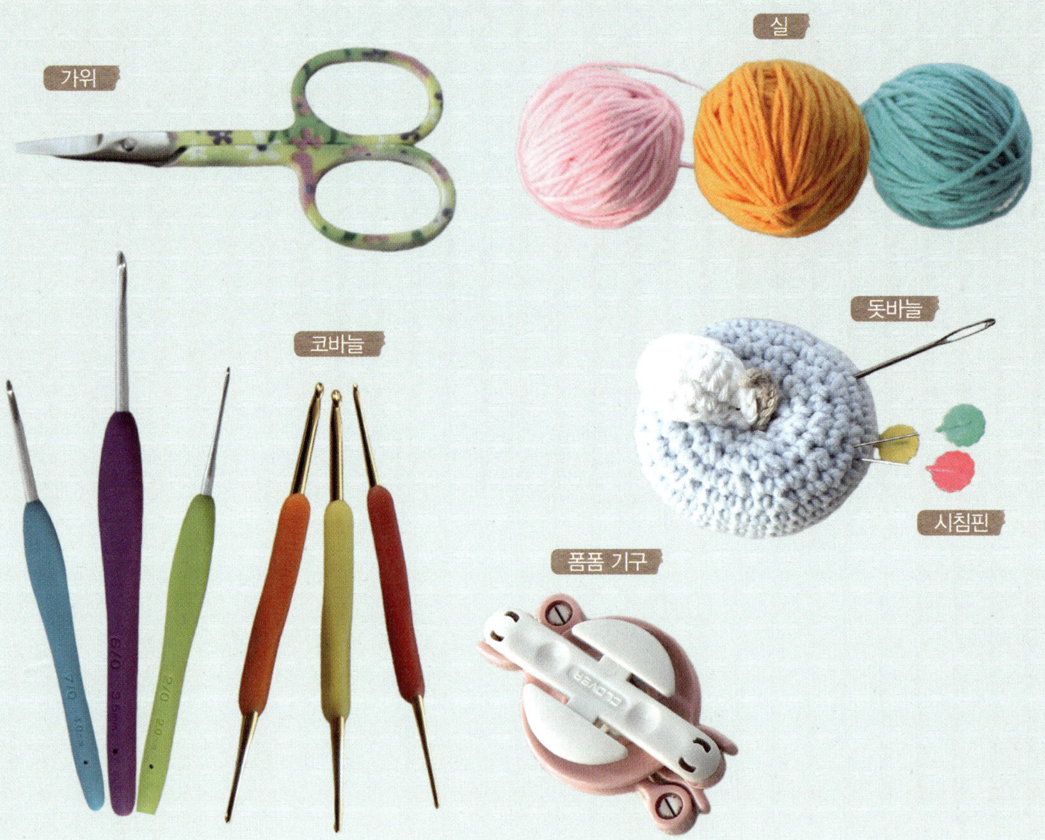

폼폼 만들기

폼폼 만드는 도구를 사용하거나 도구가 없을 때는
포크를 이용해서 만든다.

소프트실
면실
램스울실
메리노울실
레이스실

기초

원형뜨기(원형으로 뜰 때)

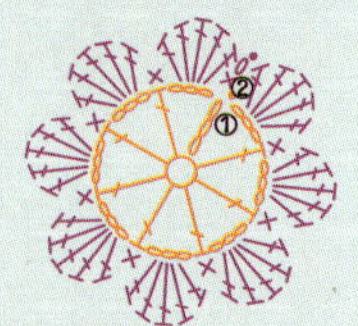

중심에서 고리(또는
사슬코)를 만든다. 단마다
기둥코를 만들고 1단씩
오른쪽에서 왼쪽으로 원을
그리듯이 뜬다.

평면뜨기(왕복으로 뜰 때)

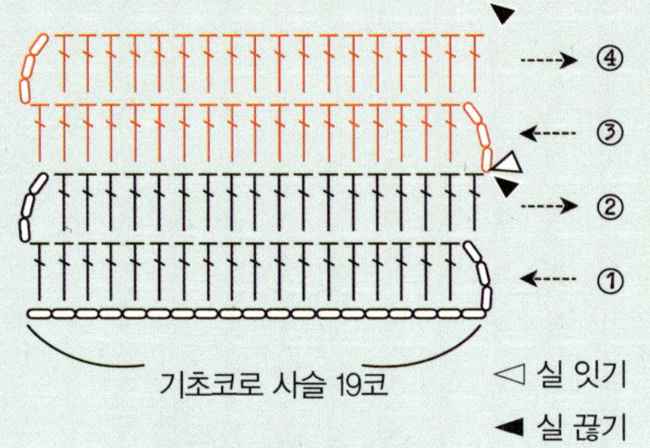

기초코로 사슬 19코

1단부터 순서대로 화살표를
참고하며 뜬다. 1단은 편물의 겉쪽,
2단은 편물의 안쪽을 보면서 뜬다.

사슬코 보는 법

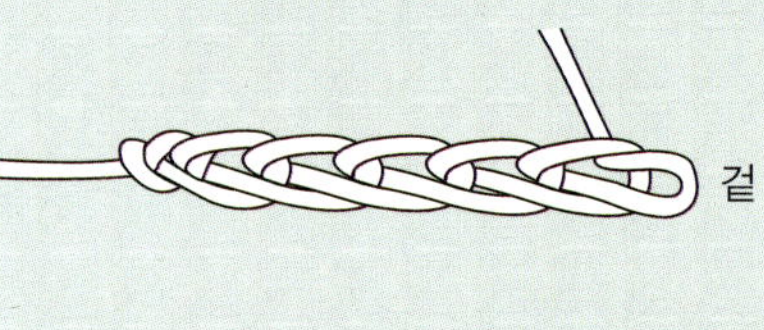

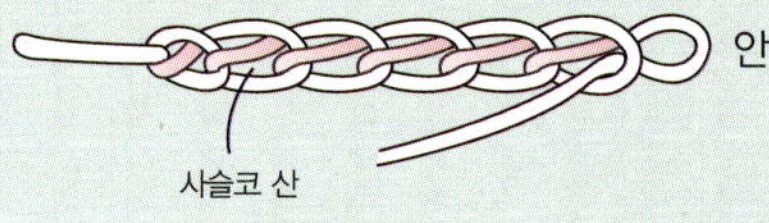

(1) 실과 바늘 잡는 법

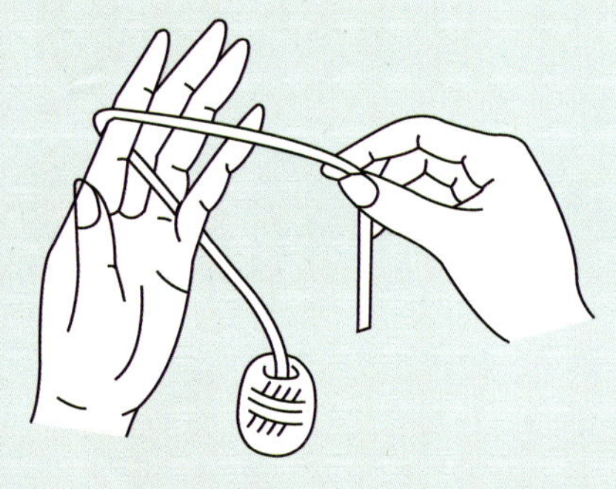

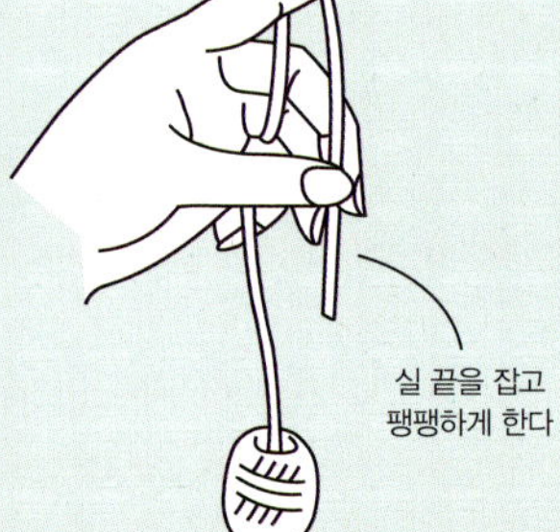

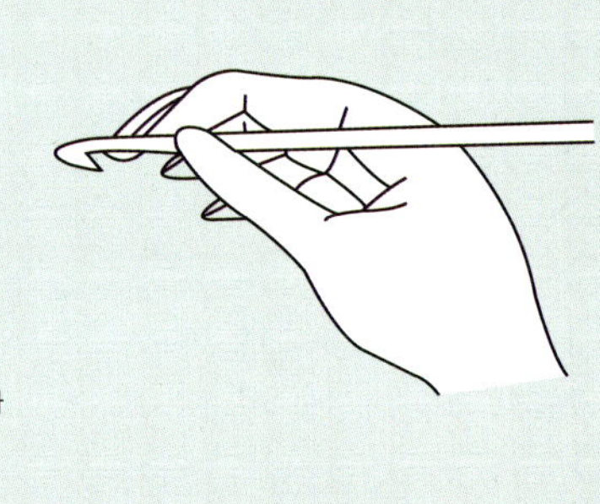

(2) 첫 코 만들기

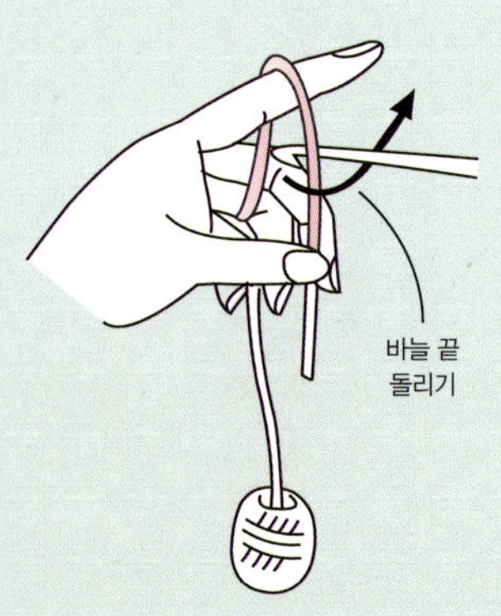

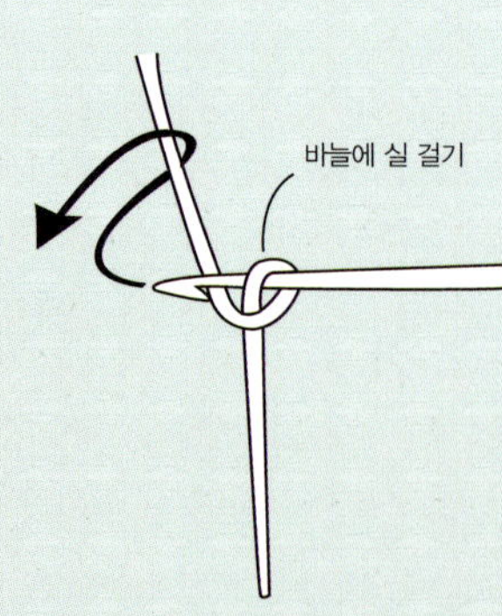

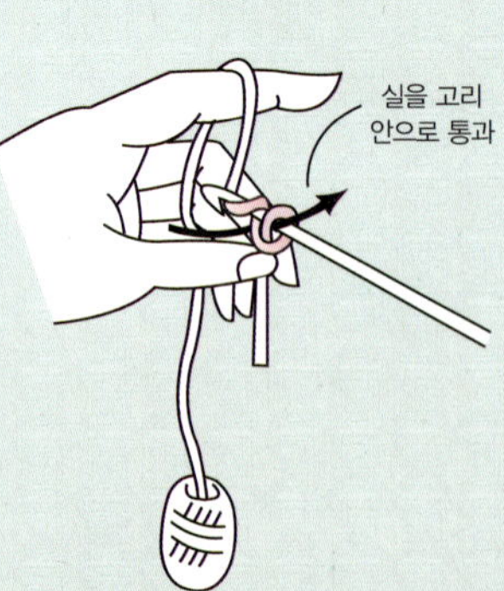

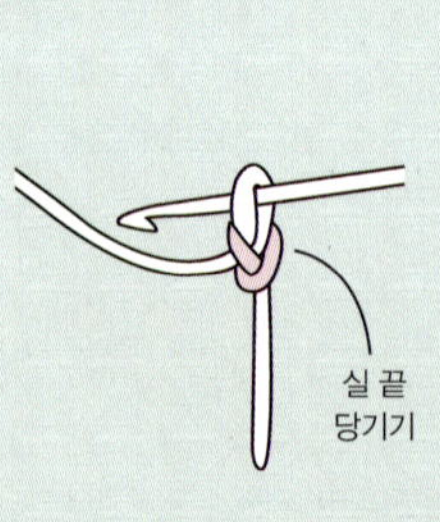

(3) 기초코 만들기

실 감아서 고리 만들기(원형뜨기)

사슬뜨기로 원형뜨기

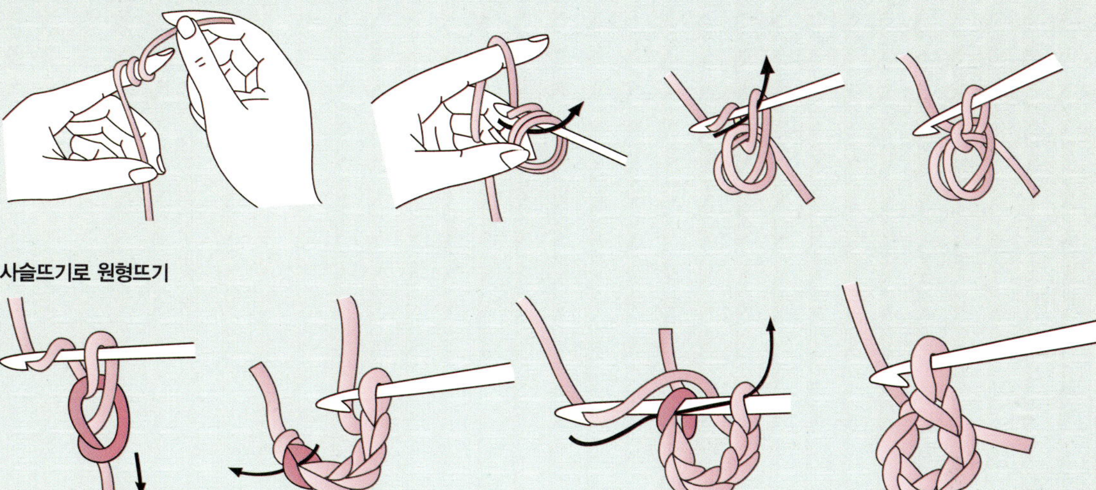

(4) 뜨기 기호와 뜨는 법

⊘ **사슬뜨기**

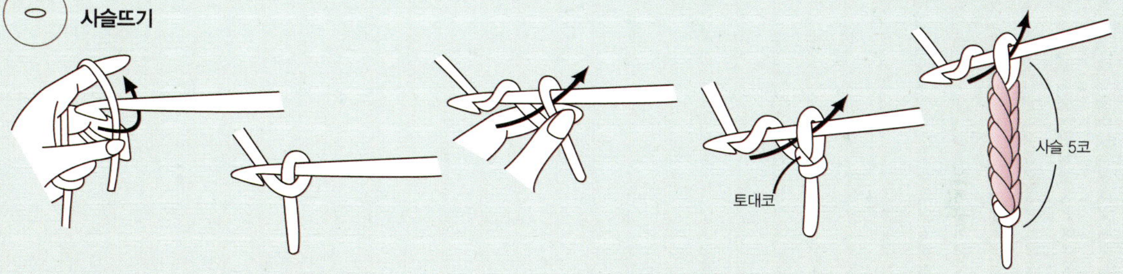

⊝ **빼뜨기**

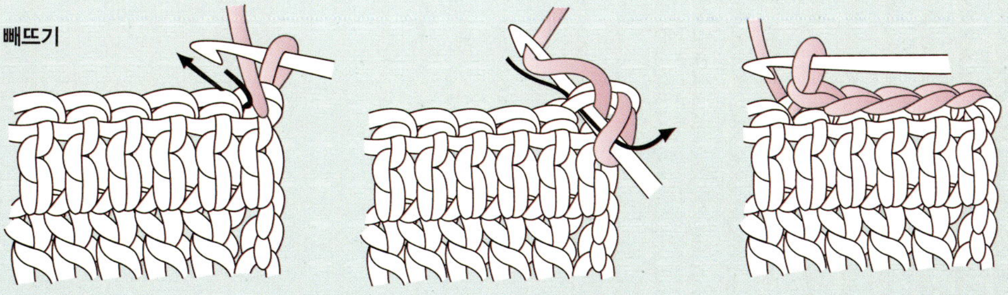

⊗ **짧은뜨기**

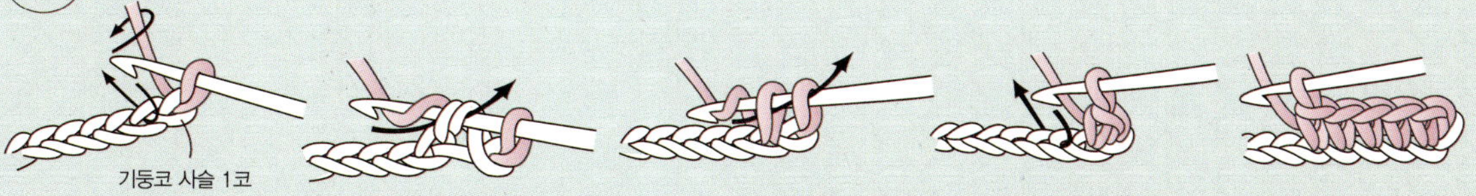

⧩ 짧은뜨기 2코 넣어뜨기

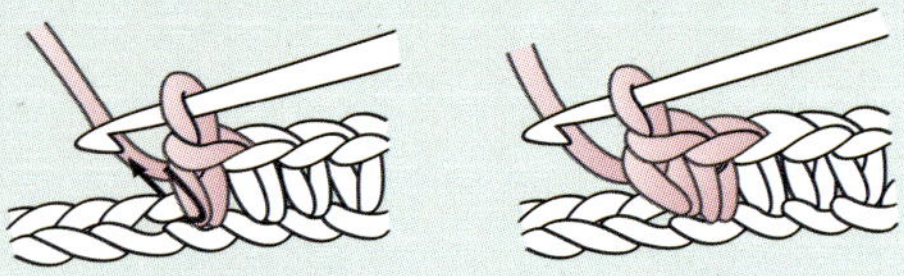

한 코에 2코를 넣어 뜬다.

⧩ 짧은뜨기 3코 넣어뜨기

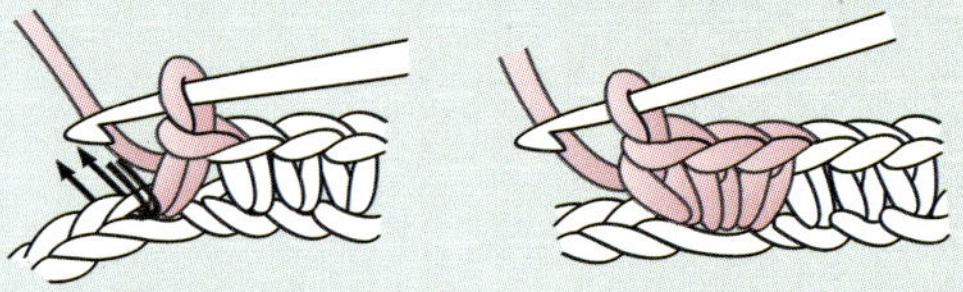

한 코에 3코를 넣어 뜬다.

⋀ 짧은뜨기 2코 모아뜨기

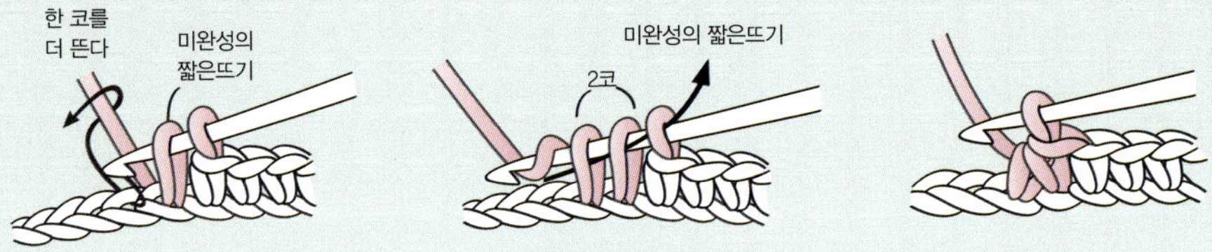

한 코를 더 뜬다

미완성의 짧은뜨기

미완성의 짧은뜨기

2코

모든 코를 빼낸다.

T 긴뜨기

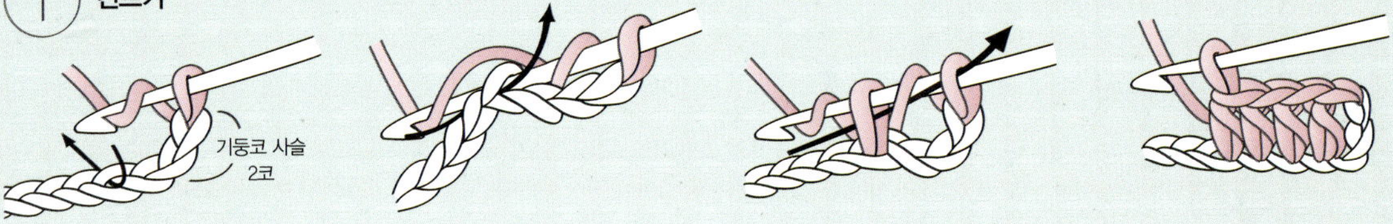

기둥코 사슬 2코

⊤ 한길긴뜨기

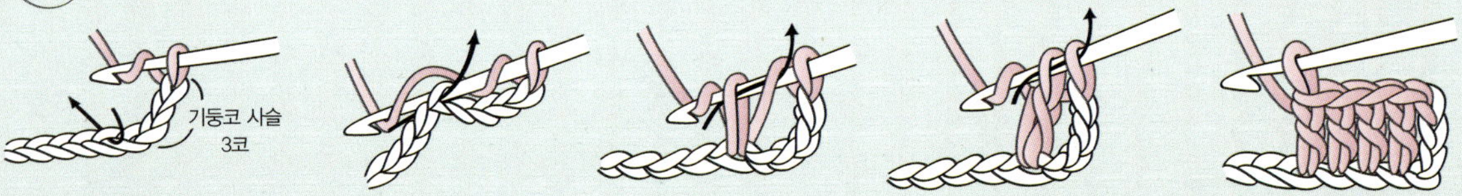

기둥코 사슬 3코

⊤ 두길긴뜨기
(* 세길긴뜨기도 두길긴뜨기와 같은 요령으로 뜬다.)

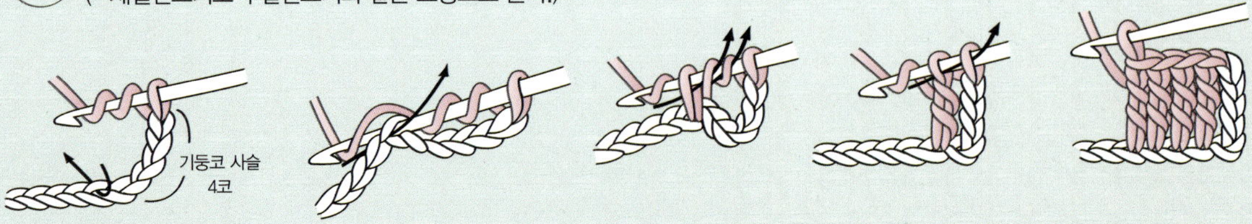

기둥코 사슬 4코

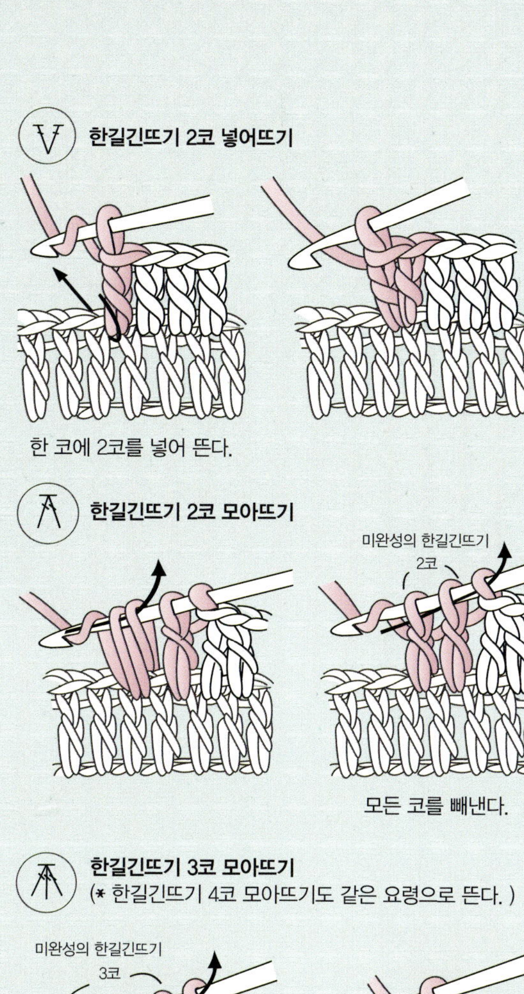

Ⓥ 한길긴뜨기 2코 넣어뜨기

한 코에 2코를 넣어 뜬다.

Ⓥ 한길긴뜨기 3코 넣어뜨기

한 코에 3코를 넣어 뜬다.

Ⓐ 한길긴뜨기 2코 모아뜨기

미완성의 한길긴뜨기 2코

모든 코를 빼낸다.

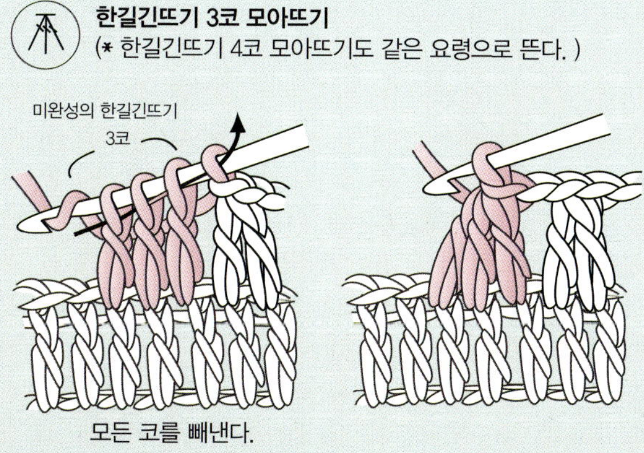

Ⓐ 한길긴뜨기 3코 모아뜨기
(＊ 한길긴뜨기 4코 모아뜨기도 같은 요령으로 뜬다.)

미완성의 한길긴뜨기 3코

모든 코를 빼낸다.

◊ 한길긴뜨기 2코 구슬뜨기

미완성의 한길긴뜨기 2코

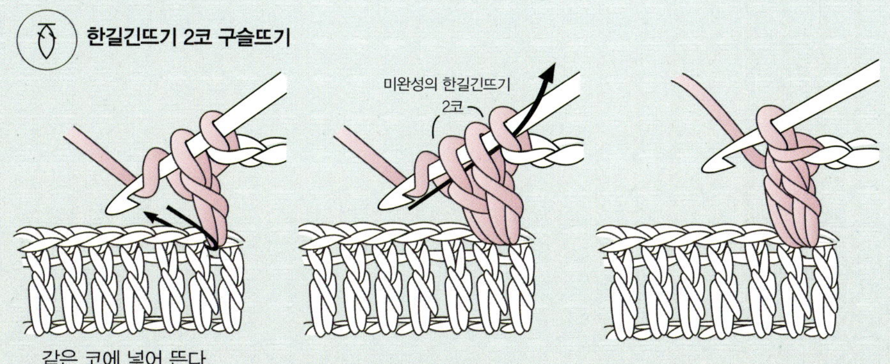

같은 코에 넣어 뜬다.

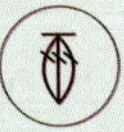

 한길긴뜨기 3코 구슬뜨기

(* 한길긴뜨기 4코 구슬뜨기도
같은 요령으로 뜬다.)

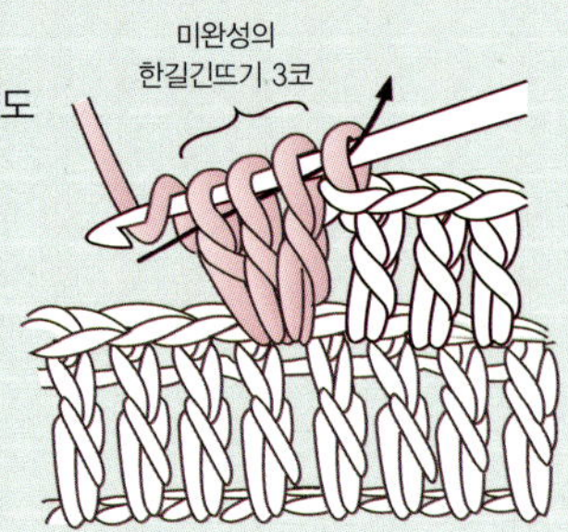

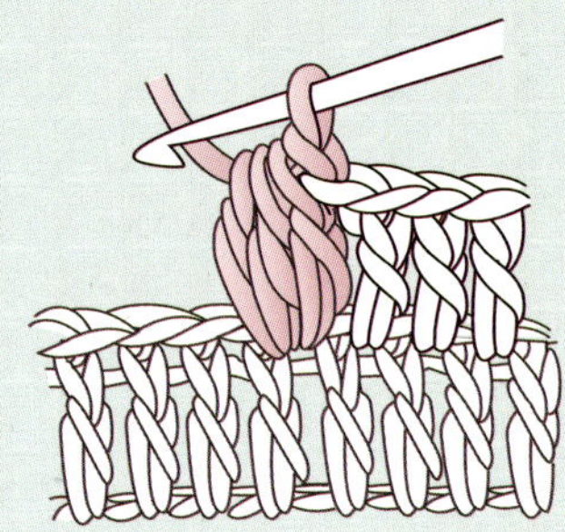

긴뜨기 5코 팝콘뜨기

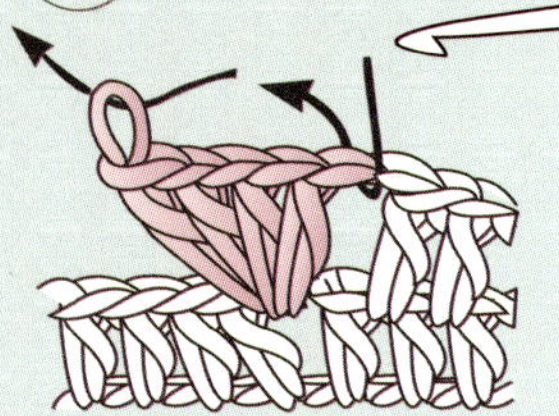 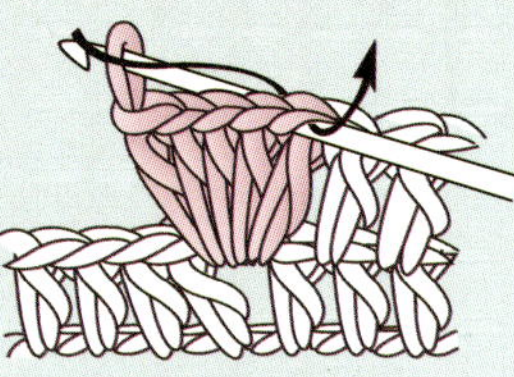 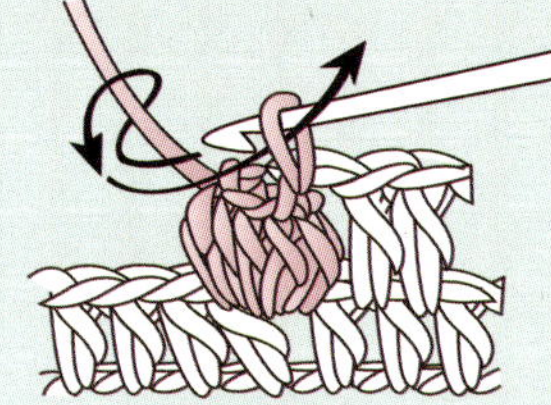 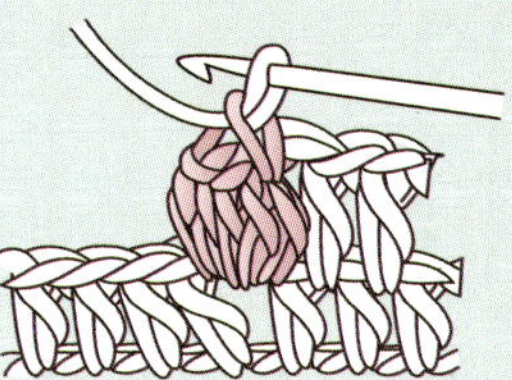

앞단의 같은 코에 긴뜨기를 5코 뜨고, 일단 바늘을 빼서 화살표처럼 다시 넣는다.	고리를 앞으로 빼낸다.	사슬 1코를 뜨고 잡아당긴다.	

한길긴뜨기 5코 팝콘뜨기

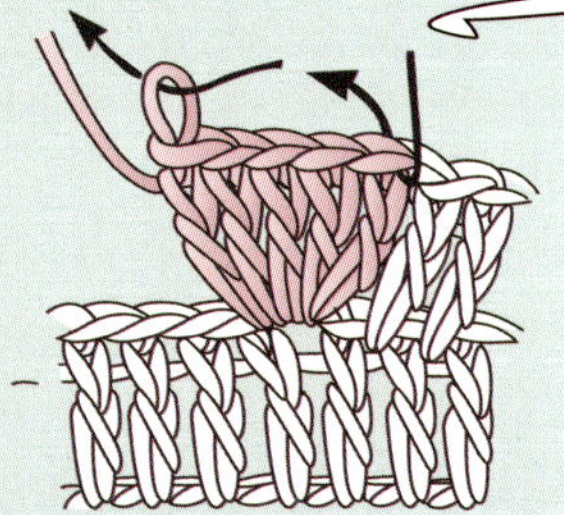 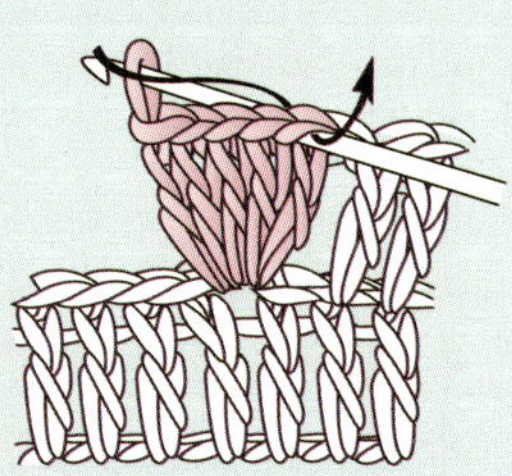 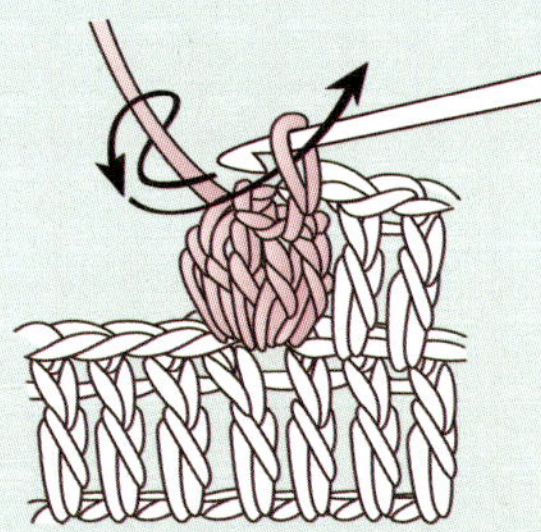 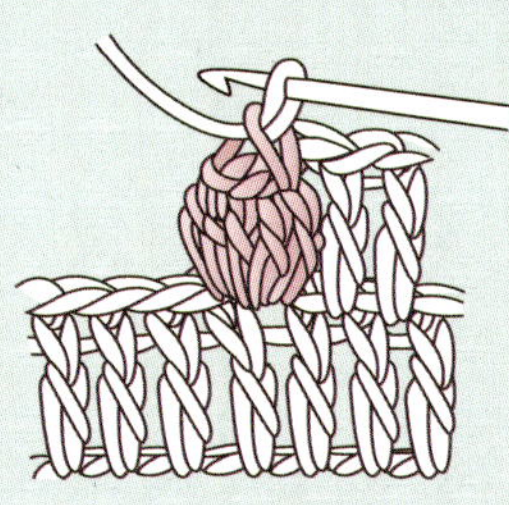

앞단의 같은 코에 한길긴뜨기를 5코 뜨고, 일단 바늘을 빼서 화살표처럼 다시 넣는다.	고리를 앞으로 빼낸다.	사슬 1코를 뜨고 잡아당긴다.	

 이랑뜨기

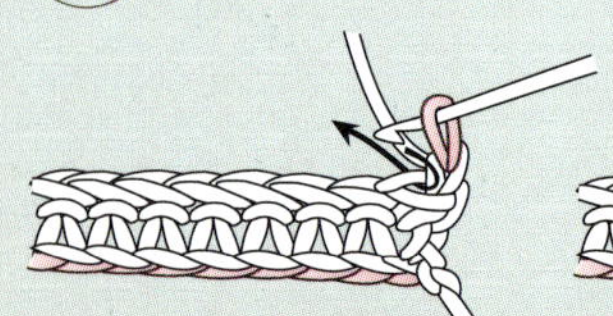 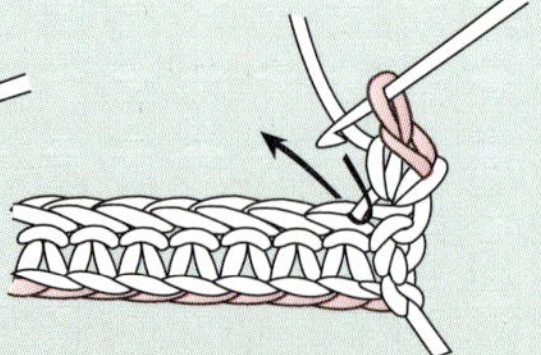 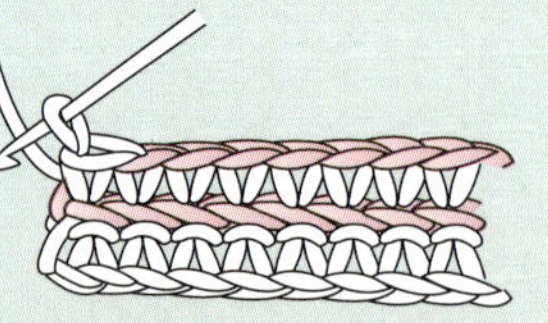 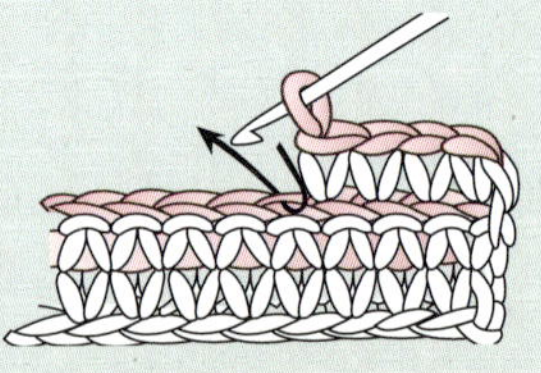

앞단 코의 뒤쪽 반코에 화살표처럼 바늘을 넣는다.	짧은뜨기를 하고, 다음 코도 마찬가지로 뒤쪽 반코에 바늘을 넣는다.	끝까지 뜨면 방향을 바꾼다.	뒤쪽 반코에 바늘을 넣어서 짧은뜨기를 한다.

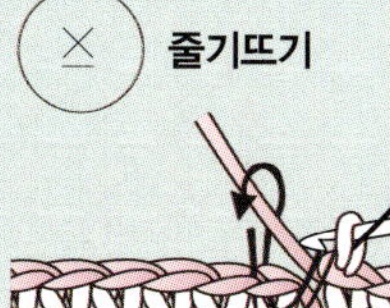 **줄기뜨기**

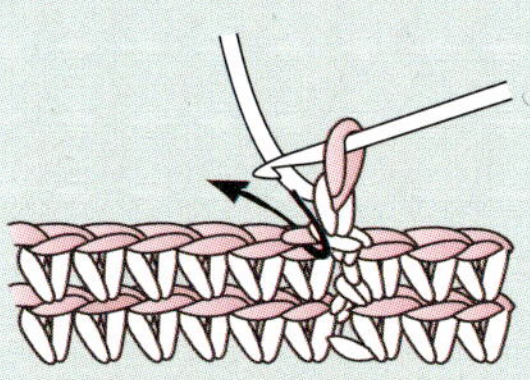

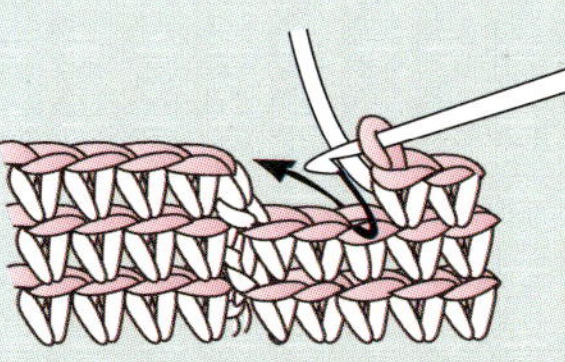

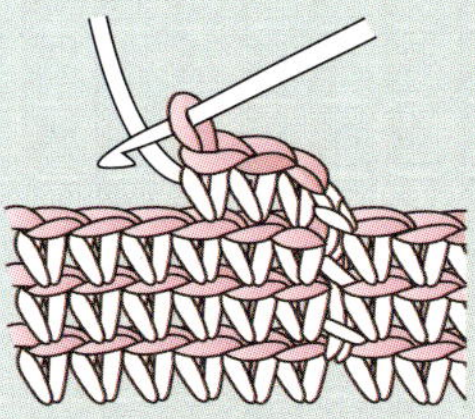

단마다 겉쪽을 보고 뜬다. 짧은
뜨기를 한 바퀴 돌아가며 뜬
다음 첫 코에서 빼뜬다.

기둥코로 사슬 1코를 뜨고,
앞단의 뒤쪽 반코를 주워서
짧은뜨기를 한다.

같은 요령으로 똑같이 되풀이
하여 짧은뜨기를 계속한다.

앞단의 앞쪽 반코가 줄기
모양처럼 남는다.

 **피코 빼뜨기**

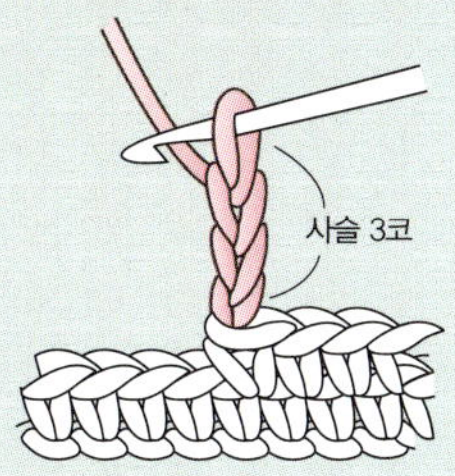

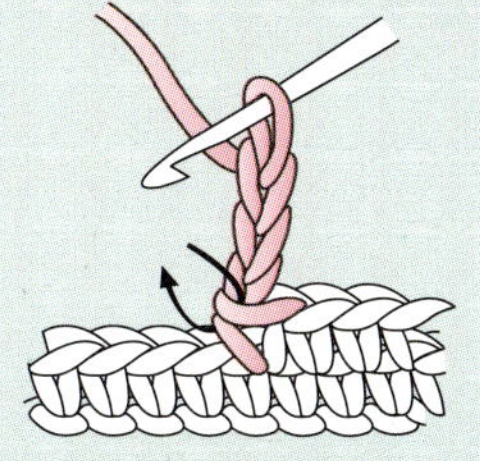

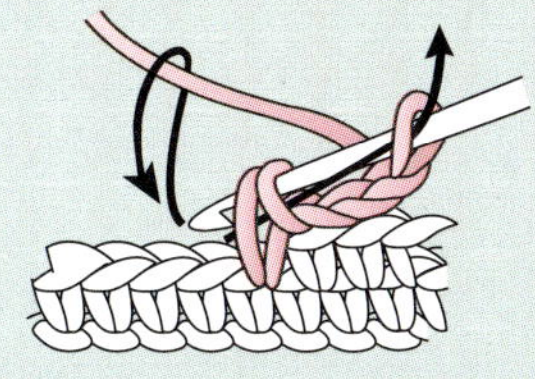

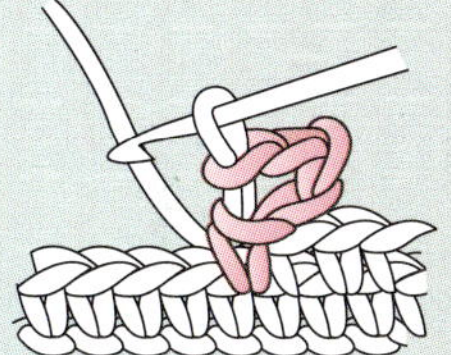

화살표 위치에 바늘을 넣는다.

바늘에 실을 걸고 화살표처럼
한번에 빼낸다.

(5) 모티프 잇는 방법

(1) 빼뜨기로 뜨면서 연결하는 법

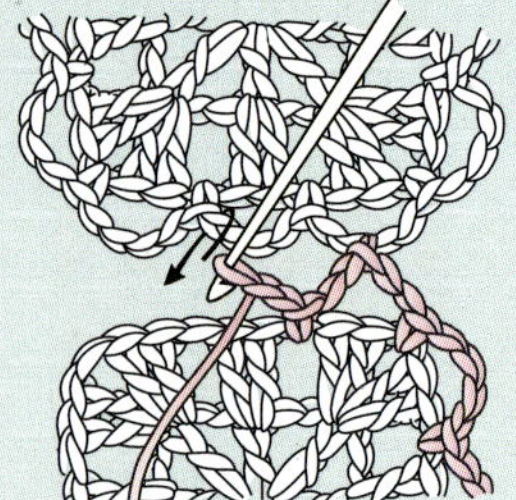 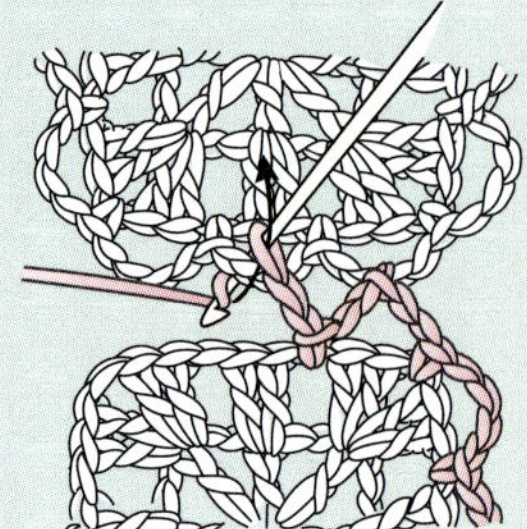 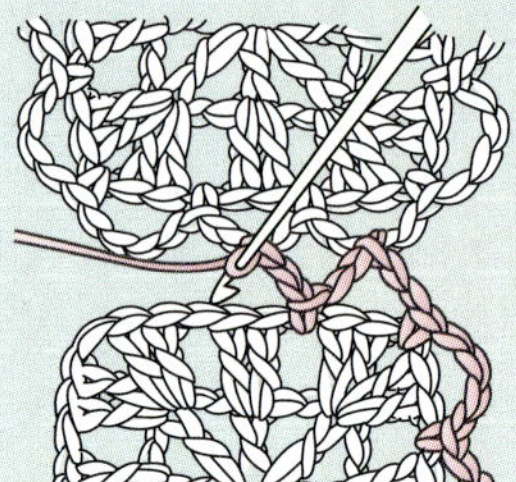

2장째부터 연결한다.
1장 모티브의 사슬뜨기 고리에
바늘을 넣는다.

바늘코에 실을 걸어 빼낸다.

(2) 짧은뜨기로 뜨면서 연결하는 법

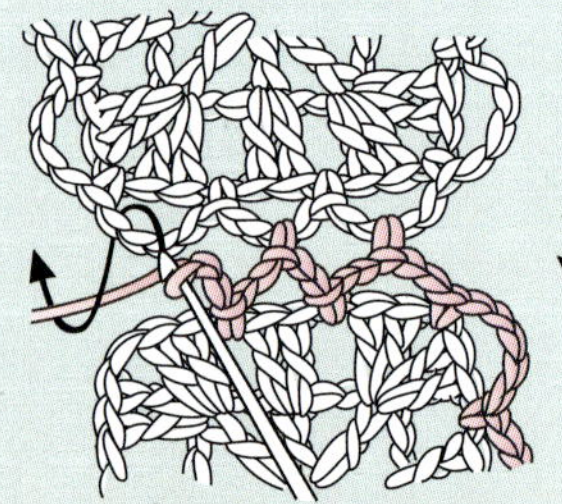 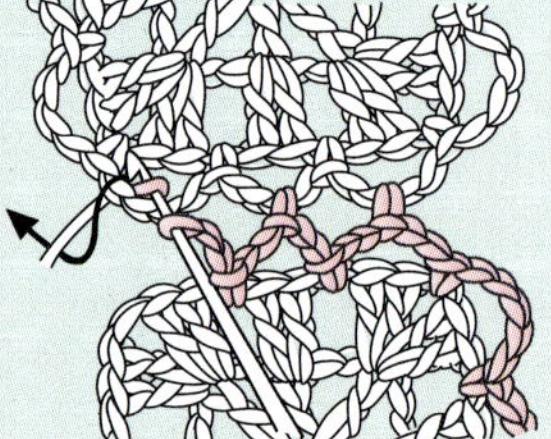 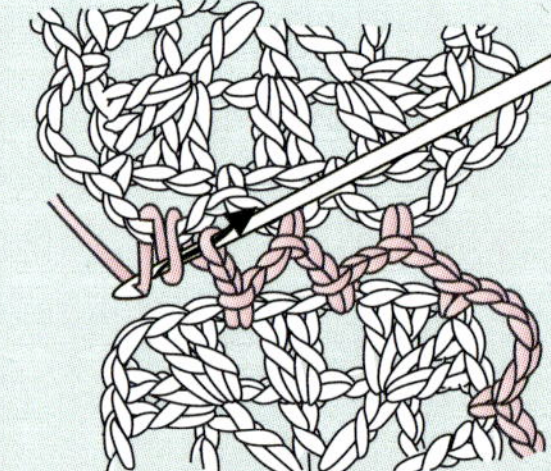 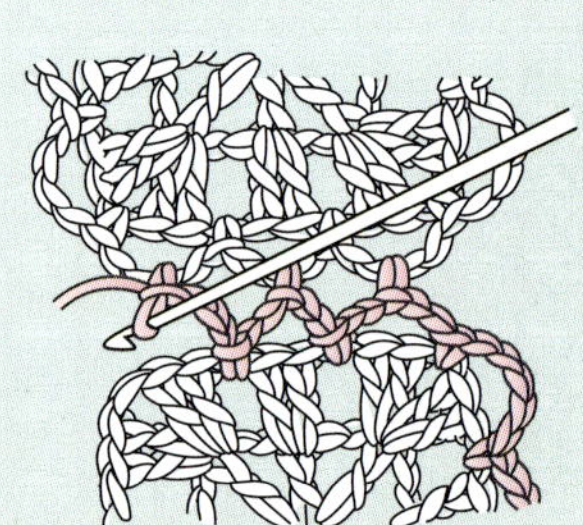

2장째부터 연결한다. 1장의
모티브의 사슬뜨기 고리에
바늘을 넣어 실을 빼낸다.

바늘코에 실을 건다.

팽팽하게 조여 빼낸 뒤
짧은뜨기를 한다.

(3) 감침질 잇기

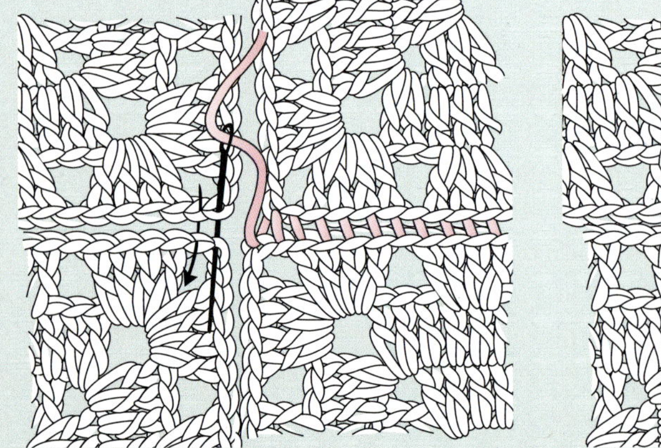 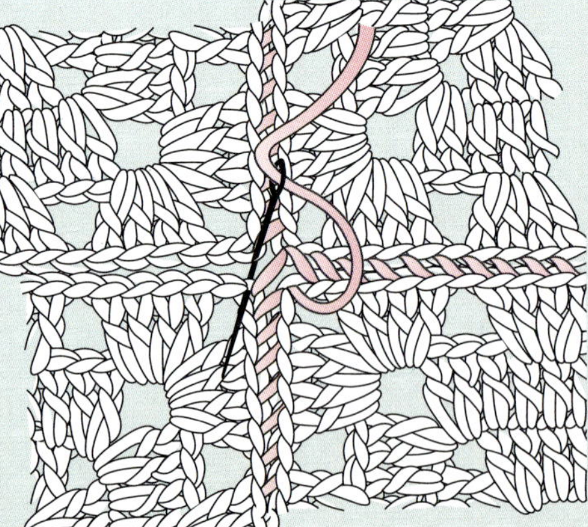

모티브의 겉면이 위로 오도록 맞대고 마지막 단 사슬 반코를 감침질한다.

돗바늘로 감치기

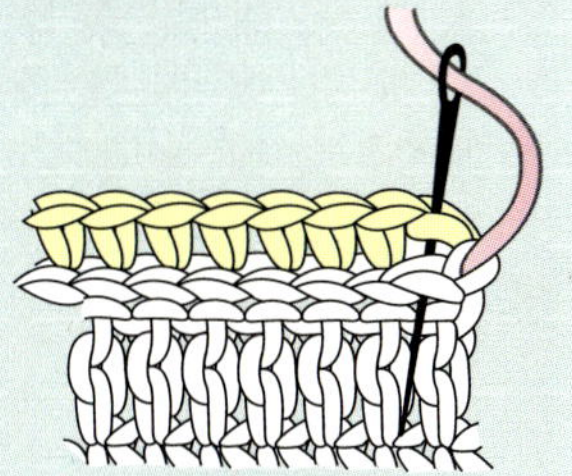

돗바늘에 실을 꿰어
그림처럼 찔러 넣는다.

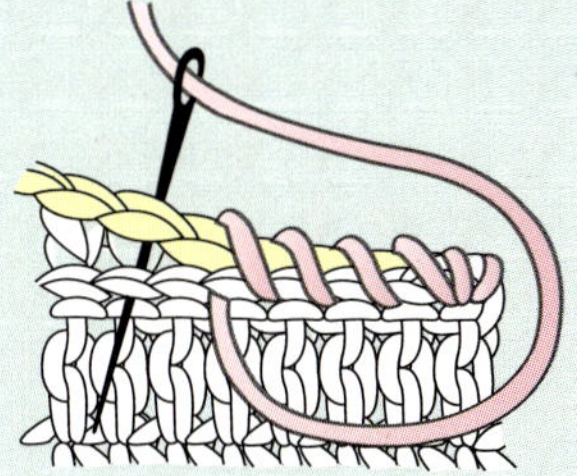

같은 요령으로 감친다.

코바늘로 쉽게 뜨는 사랑스런 아이템

지니아의
손뜨개 소품